普通高等学校"十四五"规划特色教材

仪器分析实训教程

主　编　卫亚丽

副主编　汤洪敏

U0344952

华中科技大学出版社
中国·武汉

内 容 简 介

本书是普通高等学校"十四五"规划特色教材。

本书除附录外共 13 章,内容包括绪论、仪器设备标准操作规程、实验室仪器设备期间核查规程、旋光法、紫外-可见分光光度法、红外分光光度法、荧光分光光度法、原子吸收光谱法、原子荧光光谱法、气相色谱法、高效液相色谱法、离子色谱法、气相色谱-质谱联用技术。

本书可作为普通高等学校化学、生物、医学、药学、环境等相关专业的本科生仪器分析实训教材,也可供从事相关分析、检验工作的科学研究人员参考。

图书在版编目(CIP)数据

仪器分析实训教程/卫亚丽主编 . —武汉:华中科技大学出版社,2021.5
ISBN 978-7-5680-1505-9

Ⅰ.①仪… Ⅱ.①卫… Ⅲ.①仪器分析-高等学校-教材 Ⅳ.①O657

中国版本图书馆 CIP 数据核字(2021)第 018587 号

仪器分析实训教程
Yiqi Fenxi Shixun Jiaocheng

卫亚丽 主编

策划编辑:罗 伟
责任编辑:李 佩
封面设计:原色设计
责任校对:张会军
责任监印:周治超
出版发行:华中科技大学出版社(中国·武汉)　　电话:(027)81321913
　　　　　武汉市东湖新技术开发区华工科技园　　邮编:430223
录　　排:华中科技大学惠友文印中心
印　　刷:武汉科源印刷设计有限公司
开　　本:710mm×1000mm　1/16
印　　张:11.25
字　　数:236 千字
版　　次:2021 年 5 月第 1 版第 1 次印刷
定　　价:39.80 元

前　言

　　《仪器分析实训教程》是《仪器分析》的配套教材。本书除附录外共13章,内容包括绪论、仪器设备标准操作规程、实验室仪器设备期间核查规程、旋光法、紫外-可见分光光度法、红外分光光度法、荧光分光光度法、原子吸收光谱法、原子荧光光谱法、气相色谱法、高效液相色谱法、离子色谱法、气相色谱-质谱联用技术。

　　本书的主要特色在于,内容编写强调"三基"(基本理论、基本知识、基本技能),践行"四合"(实践经验与经典技术相结合、技术创新与素质培养相结合、实验项目与科研工作相结合、实验项目与标准方法相结合),通过一定学时的专项实训,使学生对实际工作有感性认识,初步具备独立完成仪器的使用、维护、保养工作的能力,同时将一些仪器分析研究热点、新内容引入实训,有利于学生了解学科前沿,把握时代热点,拓宽知识面,培养创新意识和科研能力。

　　本书可作为普通高等学校的化学、生物、医学、药学、环境等相关专业的本科生仪器分析实训教材,也可供从事相关分析、检验工作的科学研究人员参考。

　　本书在编写的过程中,得到贵州民族大学民族医药学院各位专家学者的大力支持,同时对本书所引用的参考文献及标准的作者,表示感谢!出版社编辑对本书的出版做了大量的工作,在此予以衷心感谢。

　　由于编者学识水平有限,书中难免存在疏漏之处,敬请读者批评指正。

编　者

目　　录

第一章 绪 论

第一节 仪器分析法的特点及发展趋势

一、仪器分析概述

仪器分析法是使用特殊仪器,并以物质的物理或物理化学性质为基础进行分析的方法。根据物质的某种物理性质,如相对密度、相变温度、折射率、旋光度及光谱特征等,不经化学反应,直接进行定性、定量、结构和形态分析的方法,称为物理分析法,如光谱分析法等。根据物质在化学变化中的某种物理性质,进行定性或定量分析的方法称为物理化学分析法,如电位分析法等。仪器分析法主要包括电化学分析法、光学分析法、质谱分析法、色谱分析法、放射化学分析法等。仪器分析法具有灵敏、快速、准确的特点,发展快,应用广。

二、仪器分析的发展趋势

仪器分析行业正向智能化方向发展,发展趋势如下:基于微电子技术和计算机技术的应用实现分析仪器的自动化,利用计算机控制器和数字模型进行数据采集、运算、统计、分析、处理,提高分析仪器数据处理能力,利用数字图像处理系统实现分析仪器数字图像处理功能的发展;仪器分析的联用技术向测试超高速化、分析试样超微量化、仪器分析超小型化的方向发展。

第二节 中国计量认证(CMA)

一、中国计量认证简介

计量认证分为"国家级"和"省级"两级,分别适用于国家级质量监督检测中心和省级质量监督检测中心。"计量认证资质"按国家级和省级两级由国家市场监督管理总局或省技术监督主管部门分别监督管理。计量认证资质与实验室认可资质不同,它实际上源于政府授权,只对政府和工业部门下属的国家和省级质量监督检测机构进行资质认证。

CMA 是 China Metrology Accreditation（中国计量认证/认可）的缩写。CMA 认证又名 CMA 计量认证、实验室资质认定。只有取得计量认证合格证书的第三方检测机构，才允许在检验报告上使用 CMA 章，盖有 CMA 章的检验报告可用于产品质量评价、成果及司法鉴定，具有法律效力。

中国合格评定国家认可委员会（英文缩写为 CNAS）是根据《中华人民共和国认证认可条例》的规定，由国家认证认可监督管理委员会（英文缩写为 CNCA）批准成立并确定的认可机构，统一实施对认证机构、实验室和检验机构等相关机构的认可工作。

根据《中华人民共和国计量法》第二十一条规定，为社会提供公证数据的产品质量检测机构，必须经省级以上人民政府计量行政部门对其计量检定，测试的能力和可靠性考核合格。以上规定说明：没有经过计量认证的检定/检测实验室，其发布的检定/检测报告，便没有法律效力，不能作为法律仲裁、产品/工程验收的依据，而只能作为内部数据使用。

计量认证是诸多行业，尤其是关系到百姓切身利益的行业评价检测机构检测能力的一种有效手段，同时也是第三方检测机构进入市场的准入证。如我们日常生活中经常接触的机动车尾气检测单位、室内空气质量检测实验室、对疾病进行防范及控制的各疾病预防控制中心等都必须取得计量认证合格证书。

二、评审依据及阶段

我国的计量认证行政主管部门为国家市场监督管理总局认证与实验室评审管理司。评审依据是《实验室资质认定评审准则》。

具体分为如下几个阶段。

（1）申请阶段，质检机构提出申请并提交有关材料。

（2）初查阶段（必要时进行），按规范要求帮助质检机构建立健全质量体系，并使之正常运行。

（3）预审阶段（必要时进行），按规范要求进行模拟评审，查找不符合项并要求整改。

（4）正式评审，主管部门组成评审组对申请认证的机构进行评审。

（5）上报、审核、发证阶段，对考核合格的产品质检机构由有关人民政府计量行政主管部门审查、批准、颁发计量认证合格证,并同意其使用统一的计量认证标志。不合格的给予考核评审结果通知书。

(6)复查阶段,质检机构每五年要进行到期复查,各机构应提前半年向原发证部门提出申请,申请时需要的材料项目与第一次申请认证时相同。

(7)监督抽查阶段,计量行政主管部门对已取得计量认证合格证书的单位,在五年有效期内可安排监督抽查,以促进质检机构的建设和质量体系的有效运行。

CMA 对于 CNAS 认可的检测和质量监督检验机构认证(CAL)对于 CNAS 的校准基本类似,前者是中国特色,后者是国际惯例。

第三节　中国计量认证对仪器设备的要求

资质认定获证实验室应当按照《实验室资质认定评审准则》相应条款(4.4 具备从事检验检测活动所必需的检验检测设备设施)要求,做好仪器设备管理工作,以保证所出具的检测数据及检验报告真实、准确、可靠,具有第三方公正性。

按照《实验室资质认定评审准则》技术要求部分中的设备和标准物质要素规定,实验室应正确选择配备进行检测(包括采样、样品制备、数据处理分析)所需的各种仪器设备(包括软件)及标准物质。并且通过质量手册和程序文件以及相应的作业文件或规程(统称体系文件),对所有仪器设备(包括标准物质)进行有效管理。

仪器设备管理模式如下。

明确仪器设备的主管领导、主管部门、主管人员和相关人员的职责、权力,并在体系文件的相应层次和具体文件中予以规定并由责任人遵照执行、具体实施。以某一仪器设备从选定、采购、接受验收、建立档案、交付使用为例,说明仪器设备管理的过程和步骤。

1. 申报与采购

由责任部门的责任人根据实验室(开展新项目或建立初始检测项目)业务拓展需要,在调研选型的基础上,向实验室负责人提交仪器设备申请购买单,经批准后向所选择的以往仪器设备供应商或新仪器设备厂商(对其资质进行调查、评价,收集相关材料)采购该仪器设备。

2. 仪器验收

仪器设备到货后,需要实验室的主管部门或仪器设备管理人员连同该仪器的使用人员一起对仪器的主机和附件、配件等全面验收,并做出明确结论。对大型精密复杂仪器设备的安装、调试、维护保养、修理确定相对固定的服务方。同时按照《实验室资质认定评审准则》要求建立该仪器的设备档案。

3. 仪器检定与校准

在仪器安装使用前,由法定计量检定机构(需要确认该机构的资质和检定校准的授权范围,搜集相应的证据)检定/校准仪器设备的工作状态合格与否。实验室所有的仪器设备(包括标准物质)都应有明显的标志来表明其状态。主要是指计量检定/校准状态的合格(绿色)、准用(黄色)、停用(红色)标志。

(1)绿色标志:表明仪器设备具有正式计量检定合格证书和校准合格报告,处于正常使用状态。

(2)黄色标志:表明仪器设备某些功能已经丧失,但检测工作所用功能正常,且经校准合格,处于使用状态。

(3)红色标志:表明仪器设备已经损坏或经校准不合格,处于停用状态。

4. 仪器设备使用人授权

在使用前,应对仪器设备(重要的、关键的、操作技术复杂的大型仪器设备)的使用人予以确定并授权。使用人应按照体系文件要求,填写各种记录包括使用记录、环境记录、维护保养记录等。

5. 仪器检定与校准确认

对需要计量检定校准的仪器设备,应按照规定时限定期进行,对计量检定机构出具的非检定证书(包括校准证书、测试证书、测试报告等)需要由主管人员对该证书所出具的校准测试数据予以分析,并与所执行的检测规范标准要求核对,确认该仪器是否可以继续使用。

6. 仪器设备期间核查

按照《实验室资质认定评审准则》要求,对那些性能不够稳定、漂移率大、使用非常频繁和经常携带运输到现场检测以及在恶劣环境下使用的仪器设备,应当在两次正式检定/校准的间隔期间进行期间核查,主要是防止使用了不符合技术规范要求的设备。

第四节　仪器分析实训课程的教学目标及要求

计量认证是国家为了保证、控制和监督全国工农业产品质量、发展国民经济所采取的一项重要管理措施,具有科学性、规范性和权威性。目前国内已有不少高校实验室申请了计量认证。本课程要求学生了解计量认证,并将计量认证要求运用到实验教学中,根据计量认证的要求,提升仪器分析实训课程的规范性和科学性,强化学生对实训全过程的认知,增强学生的实践操作能力和科研能力。

"仪器分析实训"是在分析化学实验的基础上,为使学生进一步加深对仪器分析方法的基本原理、仪器的结构与主要部件功能的理解而开设的一门课程。学习本门课程的目的:配合仪器分析课程的教学,使学生进一步理解不同类型分析仪器的分析原理,仪器的基本工作原理、特点和应用,掌握常用仪器的基本操作,了解仪器常见故障的判断和处理,加深对分析化学、仪器分析基础理论、基本知识的理解;掌握分析结果的计算方法及图谱的解析方法;提高学生观察、分析和解决问题的能力,培养学生严谨的工作作风和实事求是的科学态度。

第二章 仪器设备标准操作规程

第一节 仪器标准操作规程的编写规范

(一) 适用范围

本规范适用于本单位仪器设备标准操作规程的编写。

(二) 操作规程编写的基本要求

1. 文件名称

文件名称命名方式为"生产厂家(或者品牌)简称＋型号＋仪器名称＋标准操作规程",例如:安捷伦1100高效液相色谱仪标准操作规程。

2. 内容要求

(1) 依据仪器设备使用说明、培训教程和上级已发布的标准操作规程编写,且与有关规定相协调。

(2) 文字表达应准确、简明、通俗易懂,逻辑严谨,避免产生不易或不同理解的可能。

(3) 规程中的图样、表格、数值、公式和其他技术内容应正确无误。

(4) 规程中的术语、符号、代号应统一,与有关标准相一致,同一术语应表达同一概念。

(三) 标准操作规程构成

1. 开机前准备

(1) 核对和确认所用设备与检测目的所要求的一致性。

(2) 识别设备计量检定状态标志和技术状态标志,应符合规定;需要时,应标明对设备进行检定(自验)与检定周期的要求。

(3) 设备使用技术条件和工作环境条件的检查与确定。

(4) 安全与劳动保护条件的检查与确认。

(5) 设备正确停机状态的检查与确认。

(6) 检查并加油、加水、加燃料(必要时),达到规定要求。

2. 开机与运行

(1) 接通电源,观察指示信号的要求与规定。

(2) 必要时,按照要求与规定对仪器进行预热。

(3) 校准或调零的要求与规定。

(4) 设备自身系统误差的测定。

(5) 必要时(如长时间停机后初次运行时)开机空运行,观察运行的稳定性。

(6) 对样品的要求与规定。

(7) 上样和运行的操作步骤、要求与规定。

(8) 读取检测数据的方法。

(9) 必要时(如长期停机,初次运行)在运行前,采用非检验试样做实验,观察设备运行的稳定性、可靠性。

3. 关机与保养

(1) 检测完毕,停机状态的要求与规定。

(2) 切断电源,观察指示信号的要求与规定。

第二节　　常规仪器标准操作规程

一、宁波新芝 Sb-100DT 超声波清洗器标准操作规程

(一) 目的

正确使用仪器和注意仪器的保养,使其处于良好的工作状态,延长仪器的使用寿命。

(二) 适用范围

宁波新芝 Sb-100DT 超声波清洗器的使用和维护。

(三) 责任人

仪器设备管理人员、使用人员。

(四) 操作步骤

(1) 检查清洗槽内液体的量是否符合要求,液面不得低于 30 mm,而最高不得超过仪器标示的最高液位,应将待清洗物或溶解物的体积考虑进去。

(2) 将需要清洗溶解的物品通过适当的挂具悬吊在液体中,物品不应直接放在清洗槽内。

(3) 将超声波清洗器插头插入 220 V 电源插座,按下清洗槽上的开关 ON,即可进行工作。

（4）达到规定时间后,按下开关 OFF,拔下插头。

（5）将清洗或溶解好的物品从清洗槽内取出。

（五）维护保养

（1）清洁仪器机身,保持仪器洁净卫生。

（2）经常检查电源连接是否正常。

（六）相关资料

仪器使用说明书。

二、上海亚荣 RE-2000 旋转蒸发仪标准操作规程

（一）目的

正确使用仪器和注意仪器的保养,使其处于良好的工作状态,延长仪器的使用寿命。

（二）适用范围

上海亚荣 RE-2000 旋转蒸发仪的使用及维护。

（三）责任人

仪器设备管理人员、使用人员。

（四）操作步骤

（1）打开冷却水开关,开启制冷循环系统。

（2）向水浴锅中加入适量的自来水,打开水浴锅开关,调节水浴锅至所需温度,水浴锅自动进入恒温状态。

（3）打开真空泵开关,关闭真空阀。

（4）将预先装有待蒸发溶剂的蒸馏烧瓶安装到旋转蒸发仪上,并将烧瓶调整至适当位置。

（5）接通旋转蒸发仪电源,打开旋转开关,调节转速。

（6）进入正常运行状态。随时观察运行情况。

（7）当接收瓶装满时,关闭真空泵开启真空阀,打开夹子(一手托住瓶底),取下接收瓶,倒出回收液,再安装好接收瓶,打开真空泵开关,进入正常运行状态。

（8）结束后关闭水浴锅,调节转速旋转钮至 0,关闭电源与水循环。

（9）关闭真空泵,停止抽真空,打开真空阀。

（10）打开夹子,取下接收瓶,倒出回收液,再将接收瓶安装好。

（11）关闭冷却水制冷循环,关闭电源。

（五）维护保养

（1）玻璃容器使用完毕后应清洗干净,妥善处理接收瓶中回收的溶剂。

（2）经常检查冷凝水流量，避免不足或浪费，如长时间不使用旋转蒸发仪应关闭水循环和电源。

（3）加热槽应先注水后通电，不能无水干烧。

（六）相关资料

仪器使用说明书。

三、大龙移液器的标准使用规程

（一）目的

正确使用仪器和注意仪器的保养，使其处于良好的工作状态，可延长仪器的使用寿命。

（二）适用范围

大龙移液器的使用、操作、保养与维护。

（三）责任人

仪器设备管理人员、使用人员。

（四）操作步骤

（1）设置移液量：将锁定按钮向上打开，手柄的显示窗清楚地显示移液器的移液量。通过顺时针或逆时针旋转操作旋钮来设置移液量。

（2）装配吸头：在装配吸头前要保证移液嘴连件的清洁。将吸头紧紧按在移液器吸嘴连件上，确保密封完好。

（3）吸液：把按钮压至第一停点，垂直握住移液器，使吸头浸入液面下 2～3 mm 处，然后缓慢平稳地松开按钮，吸入液体，停留 1 s，然后将吸头提离液面，贴壁停留 2～3 s 使管尖外侧的液滴滑落。如有必要，擦去吸头外表可能残留的液体。

（4）放液：将吸头贴到容器内底部并保持 10°～40°角倾斜，平稳地将按钮压到第一停点，等待 1 s 后再把按钮压到第二停点以排除剩余液体。压住按钮，同时提出移液器，松开按钮，用吸头弹射器弹出吸头。

（五）保养与维护

（1）选择移液器时，应尽量选择最大量程最接近所需移液量的移液器，以减少误差。

（2）加不同样品时，应更换吸头，以防止交叉污染。

（3）取液时应避免在容器上方操作，以免溅出液体落入容器内，造成误差。

（六）相关资料

仪器使用说明书。

四、玻璃器皿清洁的标准操作规程

(一) 目的

规范玻璃器皿清洁的标准操作,保证检验工作质量。

(二) 适用范围

玻璃器皿的清洁。

(三) 责任人

玻璃器皿使用人员。

(四) 操作步骤

清洁的玻璃器皿是实验得到正确结果的先决条件,因此,玻璃器皿的清洗是实验前的一项重要准备工作。清洗方法根据实验目的、器皿的种类、所盛放的物品、洗涤剂的类别和沾污程度等的不同而有所不同。现分述如下。

1. 新玻璃器皿的洗涤方法

新购置的玻璃器皿含游离碱较多,应在酸溶液内先浸泡数小时。酸溶液一般用2%的盐酸洗涤液。浸泡后用自来水冲洗干净。

2. 使用过的玻璃器皿的洗涤方法

(1) 试管、培养皿、三角烧瓶、烧杯等可用瓶刷或海绵蘸上肥皂或洗衣粉或去污粉等洗涤剂刷洗,然后用自来水充分冲洗干净。热的肥皂水去污能力更强,可有效地洗去器皿上的油污。洗衣粉和去污粉较难冲洗干净而常在器壁上附有一层微小颗粒,故需用水多次甚至进行 10 次以上充分冲洗,或可用稀盐酸摇洗一次,再用蒸馏水冲洗,然后倒置于铁丝框内或有空心格子的木架上,在室内晾干。急用时可盛于框内或搪瓷盘上,放烘箱烘干。

玻璃器皿经洗涤后,若内壁的水均匀分布成一薄层,表示油垢完全洗净,若内壁挂有水珠,则还需用洗涤液浸泡数小时,然后再用自来水充分冲洗。

装有固体培养基的器皿应先将固体培养基刮去,然后洗涤。带菌的器皿在洗涤前先浸在 2%煤酚皂溶液(来苏水)或 0.25%新洁尔灭消毒液内 24 h 或煮沸 0.5 h,再用上述洗涤液洗涤。带病原菌的培养物最好先行高压蒸汽灭菌,然后将培养物倒去,再进行洗涤。

盛放一般培养基用的器皿经上法洗涤后,即可使用,若需精确配制化学药品,或做精确实验,则要求器皿经自来水冲洗干净后,再用蒸馏水淋洗三次,晾干或烘干后备用。

(2) 吸过指示液、指示剂、染料溶液等的玻璃吸管(包括毛细吸管),使用后应立即投入盛有自来水的量筒或标本瓶内,以免干燥后难以冲洗干净。清洗后用蒸馏水淋洗。洗净后,放搪瓷盘中晾干,若要加速干燥,可放烘箱内烘干。

吸过含有微生物培养物的吸管也应立即投入盛有 2%煤酚皂溶液或 0.25%新洁尔灭消毒液的量筒或标本瓶内,24 h 后方可取出冲洗。

吸管的内壁如有油垢,同样应先在洗涤液内浸泡数小时,然后再行冲洗。

(3)砂芯玻璃滤器的洗涤。

①新的滤器使用前应以热的盐酸或铬酸洗涤液边抽滤边清洗,再用蒸馏水洗净。

②针对不同的沉淀物采用适当的洗涤剂先溶解沉淀,或反复用水抽洗沉淀物,再用蒸馏水冲洗干净,在 110 ℃烘箱中烘干,然后保存在无尘的柜内或有盖的容器内。如若不然,积存的灰尘和沉淀会堵塞滤孔,很难洗净。

3.洗涤液的配制与使用

(1)洗涤液的配制:洗涤液分浓溶液与稀溶液两种,配方如下。

①浓溶液:重铬酸钠或重铬酸钾(工业用)50 g+自来水 150 mL+浓硫酸(工业用)800 mL。②稀溶液:重铬酸钠或重铬酸钾(工业用)50 g+自来水 850 mL+浓硫酸(工业用)100 mL。

配法都是将重铬酸钠或重铬酸钾先溶解于自来水中,可慢慢加温,使其溶解,冷却后徐徐加入浓硫酸,边加边搅动。配好后的洗涤液应是棕红色或橘红色的。储存于有盖容器内。

(2)原理:重铬酸钠或重铬酸钾与硫酸作用后形成铬酸,酪酸的氧化能力极强,因而此液具有极强的去污作用。

(3)使用注意事项。

①洗涤液中的硫酸具有强腐蚀作用,玻璃器皿浸泡时间太长,会使玻璃变质,因此切忌忘记将器皿取出冲洗。另外,洗涤液若沾污衣服和皮肤应立即用水洗,再用苏打水或氨液洗。如果溅在桌椅上,应立即用水洗去或湿布抹去。

②玻璃器皿投入前,应尽量干燥,避免洗涤液稀释。

③此液的使用仅限于玻璃和瓷质器皿,不适用于金属和塑料器皿。

④有大量有机质的器皿应先行擦洗,然后再用洗涤液清洗,这是因为有机质过多,会加快洗涤液失效,此外,洗涤液虽为很强的去污剂,但也不能清除所有的污迹。

⑤盛洗涤液的容器应始终加盖,以防氧化变质。

⑥洗涤液可反复使用,但当其变为墨绿色时即已失效,不能再用。

4.玻璃器皿的干燥和保管

(1)玻璃器皿的干燥。

做实验经常要用到的仪器应在每次实验完毕后洗净干燥备用。用于不同实验的仪器对干燥有不同的要求,一般定量分析中的烧杯、锥形瓶等仪器洗净后即可使用,而用于有机化学实验或有机分析的仪器很多是要求干燥的,有的要求无水迹,有的要求无水。应根据不同要求来干燥仪器。

①晾干:不急用的,要求一般干燥,可在纯水涮洗后,在无尘处倒置晾干水分,然

后自然干燥。可用安有斜木钉的架子和带有透气孔的玻璃柜放置仪器。

②烘干:洗净的仪器除去水分,放在电烘箱中烘干,烘箱温度为 105～120 ℃,烘1 h 左右。也可放在红外灯干燥箱中烘干。此法适用于一般仪器。称量用的称量瓶等烘干后要放在干燥器中冷却和保存。带实心玻璃塞的及厚壁仪器烘干时要注意慢慢升温并且温度不可过高,以免烘裂,量器不可放于烘箱中。硬质试管可用酒精灯烘干,要从底部烘起,将试管口朝下,以免水珠倒流把试管炸裂,烘到无水珠时,将试管口向上赶尽水汽。

③热(冷)风吹干:对于急于干燥的仪器或不适合放入烘箱的较大的仪器,可用吹干的办法,通常用少量乙醇、丙酮(或最后再用乙醚)倒入已除去水分的仪器中摇洗,除净溶剂(溶剂要回收),然后用电吹风吹,开始用冷风吹 1～2 min,当大部分溶剂挥发后吹入热风至完全干燥,再用冷风吹残余的蒸气,使其不再冷凝在容器内。此法要求通风好,防止中毒,不可接触明火,以防有机溶剂爆炸。

(2)玻璃器皿的保管。

在储藏室内玻璃器皿要分门别类地存放,以便取用。经常使用的玻璃器皿放在实验柜内,要放置稳妥,较高较大的玻璃器皿放在里面,以下提出一些仪器的保管办法。

①移液管:洗净后置于防尘的盒中。

②滴定管:用毕洗净后装满纯水,上盖玻璃短试管或塑料套管,也可倒置夹于滴定管架上。

③比色皿:用毕洗净后,在瓷盘或塑料盘中下垫滤纸,倒置晾干后装入比色皿盒或清洁的器皿中。

④带磨口塞的仪器:容量瓶或比色管最好在洗净前用橡皮筋或小线绳把塞和管口拴好,以免打破塞子或互相弄混。需长期保存的磨口仪器要在塞间垫一张纸片,以免日久粘住。长期不用的滴定管要除掉凡士林后垫纸,用皮筋拴好活塞后保存。

⑤成套仪器:如索氏萃取器、气体分析器等用完后要立即洗净,放在专门的纸盒里保存。

五、OHAUS DISCOVERY 电子天平标准操作规程

(一) 目的

建立 OHAUS DISCOVERY 电子天平标准操作规程,确保操作人员的正确使用。

(二) 适用范围

OHAUS DISCOVERY 电子天平的使用、维护。

(三) 责任人

仪器设备管理人员、使用人员。

（四）操作步骤

（1）调水平：调整地脚螺栓高度，使水平仪内空气气泡位于圆环中央。

（2）开机：接通电源，按开关键，电子天平自动实现功能。当显示器显示零时，自检过程即告结束，此时，天平工作准备就绪。

（3）预热：电子天平在初次接通电源或者在长时间断电后，至少需要 30 min 的预热时间，只有这样，电子天平才能达到所需的工作温度。为取得理想的测量结果，电子天平应保持在待机状态。

（4）校正：首次使用电子天平必须进行校正，在显示器出现零时按下"CAL"键，校正程序被启动执行，在显示器上显示出校正砝码的质量值（g），将校正砝码放到秤盘的中间，电子天平自动执行调校过程。当屏幕显示校正砝码的质量值（g），并当显示数值静止不动时，调校过程即已结束。

（5）称量：置容器于秤盘上，电子天平显示容器质量。按 TARE 去皮键后，置所称物品于容器中，即显示所称物品的质量并记录数据。

（6）关机：电子天平应一直保持通电状态（24 h），不使用时将开关键关至待机状态，使电子天平保持保温状态，可延长电子天平使用寿命。

（五）维护保养

（1）电子天平必须放在牢固的平台上，不允许有振动、气流存在，室内温度最好保持在 20 ℃，避免阳光照射。

（2）电子天平内应放置干燥剂（最好用硅胶），忌用酸性液体作干燥剂。

（3）所称物体应放在秤盘内，并不得超过电子天平的最大称量。

（4）过冷、过热或含有挥发性、腐蚀性的物体不可放入电子天平中称量。

（六）相关资料

仪器使用说明书。

第三节　　大型仪器操作规程

一、安捷伦 Cary Eclipse 型荧光分光光度计标准操作规程

（一）目的

正确使用仪器和注意仪器的保养，使其处于良好的工作状态，可延长仪器的使用寿命。

（二）适用范围

安捷伦 Cary Eclipse 型荧光分光光度计的使用、操作、保养与维护。

（三）责任人

仪器设备管理人员、使用人员。

（四）操作步骤

1. 光谱扫描

（1）接通电源。打开计算机，打开主机电源。主机同时会发出吱吱的响声，表示脉冲电源正常工作。

（2）开 Cary Eclipse 主机（注：保证样品室内是空的）。

（3）开电脑进入 Windows 系统。

（4）双击"Cary Eclipse"图标进入该程序，双击"Scan"快捷键，进入"Scan-Online"状态。

（5）点击"Setup"图标，选择模式，设置激发和发射波长范围、扫描速度、储存方式等参数，按"OK"返回。

（6）点击"Zero"图标，调节基线零点。

（7）打开主机盖板，将待测样品倒入荧光比色皿，将比色皿外表用卷纸吸干后，放入比色皿架，关上盖板，点击"Start"图标，扫描激发或发射谱图。

（8）在"Graph"下拉菜单中的"Maths"操作中可对谱图进行数学处理。

（9）测试完成后，取出比色皿，洗净。关上主机盖板。

2. 含量测定

（1）双击"Cary Eclipse"图标。

（2）在"Cary Eclipse"主显示窗下，双击所选图标（以 Concentration 为例）。进入浓度主菜单。

（3）新编一个方法步骤。

①单击"Setup"功能键，进入参数设置页面。

②按 Cary→Control→Options→Accessories→Standards→Samples→Reports→Auto store 顺序，设置好每页的参数。然后按"OK"回到浓度主菜单。

③单击"View"菜单，选择好需要显示的内容。基本选项 Toolber；buttons；Graphics；Report。

④单击"Zero"放空白样到样品室内→按"OK"。提示：Load blank press OK to read（放空白按"OK"读）。

⑤单击"Start"出现标准/样品选择页。Solutions Available（溶液有效）。此左框中的标准品或样品为不需要重新测量的内容。Selected for Analysis（选择分析的标准品或样品）。此右框的内容为准备分析的标准品或样品。

⑥按"OK"进入分析测试。Present Standard 1(1.0 g/L) press OK to read 提示：放标准 1 然后按"OK"进行读数。Present Standard 2 press OK to read. 放标准 2 按"OK"进行读数。直到全部标准读完。

⑦Present Sample 1 press OK to read. 放样品 1 按"OK"开始读样品，直到样品测完。

⑧为了保存标准曲线在方法中,可在测完标准后,不选择样品而由 File 文件菜单保存此编好的方法。调用此方法时,标准曲线一起调出。

(4) 运行一个已存的方法(方法中包含标准曲线)。

①单击"File"→单击"Open Method"→选调用方法名→单击"Open"。

②单击"Start"开始运行调用的方法。如用已存的标准曲线,在右框中将全部标准移到左框。按"OK"→进入样品测试。

③按提示完成全部样品的测试。

④按"Print"打印报告和标准曲线。

⑤如要存数据和结果,单击"File"文件。选"Save Data As…",在下面 File name 中输入数据文件名,单击"Save"。全部操作完成。其他软件包操作步骤相同,具体内容有些差别,请按屏幕提示操作。

(五) 保养与维护

(1) 荧光分光光度计的电源要稳定,配备稳压器。

(2) 荧光分光光度计应放置在不潮湿、无振动的地方。

(3) 荧光分光光度计的放置应水平。

(4) 荧光分光光度计周围应保留 0.3 m 以上空间,便于散热。

(5) 检测结束后,请关闭荧光分光光度计的电源,从而延长其使用寿命。

(六) 相关资料

仪器使用说明书及安装培训教程。

二、安捷伦 Varian AA 240 原子吸收光谱仪(火焰)标准操作规程

(一) 目的

正确使用仪器和注意仪器的保养,使其处于良好的工作状态,可延长仪器的使用寿命。

(二) 适用范围

安捷伦 Varian AA 240 原子吸收光谱仪(火焰)的使用、操作、保养与维护。

(三) 责任人

仪器设备管理人员、使用人员。

(四) 操作步骤

1. 辅助系统检查

(1) 打开空压机,出口压力调节到 350 kPa 左右。

(2) 打开乙炔瓶,出口压力调节到 75 kPa 左右(乙炔气压力若低于 700 kPa,请更换钢瓶,防止丙酮溢出)。

2. 通电

打开通风系统,开仪器电源,开计算机,进入操作系统。

3. 运行

(1) 启动 SpectrAA 软件,进入仪器页面,单击工作表格 新建……,出现新工作表格窗口,在此输入方法名称,并按"确定",进入工作表格的建立页面。

(2) 按"添加方法",在添加方法……窗口里,选择要分析的元素(注意方法类型),按"确定"。重复此步骤,直到选择完所有待分析元素。

(3) 按"编辑方法……"进入方法窗口。

(4) 在类型/模式中,将每一种元素进样模式选为手动。并注意火焰类型是否为软件默认的类型,若不是则需更改为与仪器使用的火焰一致(从窗口下边进行元素切换)。

(5) 在光学参数中,设定并对应每一种元素的灯位(从窗口下边进行元素切换)。

(6) 在标样中,输入每一种元素的标样浓度(从窗口下边进行元素切换)。

(7) 按"确定",结束方法编辑。

(8) 如果以多元素快速序列分析,按"快速多元素 FS……",进入 FS 向导,一直按"下一步",直至"完成"。

(9) 按"分析"进入工作表格的分析页面。

(10) 按"选择",选择你要分析的样品标签(使要分析的样品标签变红),此时,开始或继续按钮将变实。再按"选择",确认所选择的内容。

(11) 按"优化",选择你要优化的方法后按确定,并按提示进行操作,确保每一种元素灯安装和方法设定一致。优化完毕后,按"取消"完成优化。

(12) 按"开始",按软件提示进行点火、检查,并按软件提示安装灯,切换灯位以及提供空白、标样和样品溶液。直至完成分析。

4. 报告

(1) 单击"视窗报告",进入报告工作窗口的工作表格页面。

(2) 选择刚才分析的方法表格名称,按"下一步"进入选择页面。

(3) 选择要分析的标签范围,按"下一步"进入设置页面。

(4) 设置你所需要报告的内容,再按"下一步"进入报告页面。

(5) 按"打印报告……",打印完毕,按"关闭",返回工作报告窗口。

5. 关机

(1) 样品做完后,吸蒸馏水 3~5 min,清洗雾化器系统。

(2) 关闭乙炔瓶气阀(若火焰已经熄灭,则按点火按钮,让火焰自然熄灭,将管路中的乙炔放掉)。

(3) 关闭空压机。

(4) 关闭所有被打开的窗口并退出 SpectrAA 软件。

(5) 关闭仪器电源和计算机。

(6) 关闭通风系统。

（五）保养与维护

清空废液容器，按照相应手册拆卸、清洗并维护附件。

（六）相关资料

仪器使用说明书及安装培训教程。

三、安捷伦 Varian AA 240 原子吸收光谱仪（石墨炉）标准操作规程

（一）目的

正确使用仪器和注意仪器的保养，使其处于良好的工作状态，可延长仪器的使用寿命。

（二）适用范围

安捷伦 Varian AA240 原子吸收光谱仪（石墨炉）的使用、操作、保养与维护。

（三）责任人

仪器设备管理人员、使用人员。

（四）操作步骤

1. 辅助系统检查

（1）打开冷却水系统，调节水温至 20 ℃（冬天）或 25 ℃（夏天），压力在 200 kPa 左右。

（2）打开氩气或氮气瓶，出口压力调节到 140～200 kPa。

2. 通电

（1）打开通风系统。

（2）打开附件和外设电源。

（3）打开仪器电源。

（4）打开计算机，进入操作系统。

3. 运行

（1）启动 SpectrAA 软件，进入仪器页面，单击"工作表格 新建……"，出现新工作表格窗口，在此输入方法名称，并按"确定"，进入工作表格的建立页面。

（2）按"添加方法"，在添加方法……窗口里，选择你要分析的元素（注意方法类型），按"确定"。重复此步骤，直到选择完所有待分析元素。

（3）按"编辑方法……"进入方法窗口。

（4）在光学参数中，设定并对应好每一个元素的灯位（从窗口下边进行元素切换）。

（5）在标样中，输入每一个元素的标样的浓度（从窗口下边进行元素切换）。

（6）在进样器中，指定每一个元素的母液位置、制备液位置和母液浓度，并观察

标样浓度表中是否有红色的进样器不能配制出的浓度,如有,按"更新方法浓度",再按"是"。

(7) 按"确定",结束方法编辑。

(8) 按"分析"进入工作表格的分析页面。

(9) 按"选择",选择要分析的样品标签(使要分析的标签变红),此时,开始或继续按钮将变实。再按"选择",确认所选择的内容。

(10) 按"优化",选择要优化的方法后按"确定",并按提示进行操作,确保元素灯安装和方法设定一致。优化完毕后,按"取消"完成优化。

(11) 按"开始",按软件提示进行检查,并按提示提供空白、标样和样品溶液。直至完成分析。

4. 报告

(1) 单击"视窗报告",进入报告工作窗口的工作表格页面。

(2) 选择刚才分析的方法表格名称,按"下一步"进入选择页面。

(3) 选择要分析的标签范围,按"下一步"进入设置页面。

(4) 设置需要报告的内容,再按"下一步"进入报告页面。

(5) 按"打印报告……",打印完毕,按关闭,返回工作报告窗口。

5. 关机

(1) 关闭氩气或氮气瓶。

(2) 关闭冷却水系统。

(3) 关闭所有打开的窗口并退出 SpectrAA 软件。

(4) 关闭所有附件电源。

(5) 关闭仪器电源和计算机。

(6) 关闭通风系统。

（五）保养与维护

清空废液容器,按照相应手册拆卸、清洗并维护附件。

（六）相关资料

仪器使用说明书及安装培训教程。

四、安捷伦 6890 气相色谱仪标准操作规程

（一）目的

正确使用仪器和注意仪器的保养,使其处于良好的工作状态,可延长仪器的使用寿命。

（二）适用范围

安捷伦 6890 气相色谱仪的使用、操作、保养与维护。

（三）责任人

仪器设备管理人员、使用人员。

（四）操作步骤

1. 准备工作

选择要用的柱子、进样口、检测器；将柱子正确安装在进样口和检测器上。

2. 数据采集（方法和运行控制界面）

（1）开机：打开气源—打开仪器—打开电脑—点击工作站图标（Instrument 1 Online），进入工作站（检查视图下的 6 个"√"；检查视图下的"短菜单"；信号窗口已打开）。

（2）方法：编辑一个方法，或调用一个已经编辑好的方法。

（3）样品：①手动进样：运行控制—样品信息，输入数据文件名；子目录。

②自动进样：A 序列—序列参数，输入数据文件名；子目录；B 序列—序列表，输入样品瓶位置；进样次数；＊C 序列—另存为序列，给序列取一个名字。

（4）准备：等待仪器处于准备好的状态；仪器状态栏变为绿色，显示"就绪"；信号窗口中基线平稳。

（5）进样：①手动进样：按下主机面板上的"Prerun"键，等待仪器状态栏变为绿色，显示"就绪"，用进样针将样品注入进样口，同时按下主机面板上的"Start"键。②自动进样：点击左上角"三个瓶子"图标，点击"Start"。

（6）关机：关闭空气，氢气—关闭进样口加热电源，关闭检测器除尾吹装置外的其余项目，将炉温设为 40 ℃（可以存为一个方法）—关闭软件—关闭仪器—关闭载气。

3. 数据分析

报告—指定报告，在"计算"选择"面积百分比"；文件—另存为—方法，选择获得要处理的谱图所用的方法；报告—打印报告，打印面积百分比报告。

4. 定量分析（外标法）

（1）按照数据分析的操作做好谱图显示优化和积分优化。

（2）文件—调出信号，调出第一级浓度的谱图。

（3）校准—新建校准表—直接点击"确定"—输入化合物的名字和浓度。

（4）点击"确定"，第一级校准曲线已建立好。

（5）文件—调出信号，调出第二（n）级浓度的谱图。

（6）校准—添加级—直接点击"确定"—输入化合物的第二（n）级浓度—点击"确定"。

（7）二级校准曲线已建立好。

（8）重复（4）和（5），直到所有级别都已经输入表格中。

（9）校准—校准设置，输入浓度单位。

（10）报告—指定报告，在"计算"选择"外标法"。

（11）文件—另存为—方法，选择获得要处理的谱图所用的方法。

（12）报告—打印报告，打印外标定量报告。

（五）保养与维护

1．气体检漏

氢气每周检漏一次，其他气体每月检漏一次。

2．自动进样器

清洗进样针，更换进样针。

3．进样口

分流/不分流毛细柱进样口：隔垫，O 形圈，衬管，分流平板，密封圈；隔垫吹扫填充柱进样口：隔垫，O 形圈，衬管。

4．检测器

（1）FID：清洗喷嘴，清洗搜集极，更换点火线圈；热清洗（烘烤）。

（2）NPD：清洗喷嘴，清洗搜集极，更换铷珠；热清洗。

（3）ECD：更换内插管；热清洗。

（4）TCD：在打开电热丝前，一定要先开参比气；热清洗。

（5）FPD：清洗喷嘴，清洗窗口；更换滤光片，更换漂移管。

5．柱子

（1）老化柱：不要接在检测器上，在室温下先通载气 10 min。

（2）接柱子时，只要柱头重新穿过石墨垫圈，就要切割掉一小段。

（3）一定要有载气通过柱子才能升高柱箱温度。

（六）相关资料

仪器使用说明书及安装培训教程。

五、安捷伦 7694E 顶空仪标准操作规程

（一）目的

正确使用仪器和注意仪器的保养，使其处于良好的工作状态，可延长仪器的使用寿命。

（二）适用范围

安捷伦 7694E 顶空仪的使用和维护。

（三）责任人

仪器设备管理人员、使用人员。

（四）操作步骤

1. 操作前准备

检查顶空仪配套设备是否完整，主要包括高纯氮气瓶、氢气发生器、空气压缩机、气体净化器等，以及顶空仪与气相色谱仪的连接、各气路连接是否正确等。

2. 样品的准备

顶空瓶分为 10 mL 和 20 mL 两种规格，可以根据实验需要选取；如果样品为溶液，则取样量为顶空瓶的 1/3 左右，若为固体粉末，取少许即可；然后用胶塞密封圈和铝盖进行密封，待测。

3. 操作

（1）依次打开高纯氮气瓶，氮气进路阀，调节顶空仪上部的"载气流速"和"顶空瓶内压力"调节阀，保证适当的氮气流速和瓶内压。

（2）打开顶空仪后面的电源开关，放入样品瓶，操作以下按钮进行实验参数的设定。

①"Zone Temps"按钮：包括顶空瓶温度（VIAL）、定量圈温度（LOOP）和传送带温度（TR. LINE），顶空瓶温度以样品可以汽化为准，且它们之间的温度要求：TR. LINE≥LOOP+15 ℃≥VIAL +15 ℃+10 ℃。输入设定的温度，按"Enter"确定。

②"Event Times"按钮：包括气相色谱仪工作时间（GC CYCLE TIME）、顶空瓶加热平衡时间（VIAL EQ. TIME）、顶空瓶加压时间（PRESSURIZ. TIME）、定量圈定量时间（LOOP FILL TIME）、定量圈平衡时间（LOOP EQ. TIME）和进样时间（INJECT TIME），输入设定的时间参数，按"Enter"确定。

③"Vial Parameters"按钮：包括进样起始瓶（FIRST VIAL）、进样终止瓶（LAST VIAL）、振摇强度（SHAKE）和振摇时间（SHAKE TIME），根据实样放置情况输入"FIRST VIAL"和"LAST VIAL"参数。振摇强度（SHAKE）：关闭（0）、中强（1）、强烈（2），根据实样选择"SHAKE"和"SHAKE TIME"参数，按"Enter"。

④"Load Method""Store Method"和"Chain Methods"按钮分别为方法的导出、存储和不同方法的链接，其中"Chain Methods"最多可以进行四种不同方法的链接。

（3）设定完毕，待"Not Ready"警示灯熄灭后即可按"Start"开始测试；如果中途需终止实验，可以按"Stop/Reset"进行终止。

（4）测试完毕，取出顶空瓶，依次关闭电源和氮气瓶。

（五）保养与维护

（1）使用过程中顶空瓶必须压严，以防样品溶液受热后溶剂挥发对仪器产生腐蚀。

（2）使用后要将顶空仪内样品盘清理干净。

（3）检查结束后或不需要用顶空进样针时，将顶空进样针小心放于合适的位置，避免进样针损坏。

（六）相关资料

仪器使用说明书及安装培训教程。

六、安捷伦 7890 A/5975C 气相色谱-质谱联用仪操作规程

（一）目的

正确使用仪器和注意仪器的保养,使其处于良好的工作状态,可延长仪器的使用寿命。

（二）适用范围

安捷伦 7890 A/5975C 气相色谱-质谱联用仪的使用和维护。

（三）责任人

仪器设备管理人员、使用人员。

（四）操作步骤

1. 开机

（1）打开载气钢瓶控制阀,设置分压阀压力至 0.5 MPa。

（2）打开计算机,登录进入 Windows XP 系统,初次开机时使用 5975C 的小键盘 LCP 输入 IP 地址和子网掩码,并使用新地址重启,否则安装并运行 Bootp Service。

（3）依次打开 7890A GC、5975C MSD 电源(若 MSD 真空腔内已无负压,则应在打开 MSD 电源的同时用手向右侧推真空腔的侧板直至侧面板被吸牢),等待仪器自检完毕。

（4）桌面双击 GC-MS 图标,进入 MSD 化学工作站,在上图仪器控制界面下,单击视图菜单,选择调谐及真空控制进入调谐与真空控制界面,在真空菜单中选择真空状态,观察真空泵运行状态,此仪器真空泵配置为分子涡轮泵,涡轮泵转速应很快达到 100 %,否则,说明系统漏气,应检查侧板是否压正、放空阀是否拧紧、柱子是否接好。

2. 调谐

调谐应在仪器开机 2 h 后方可进行,若仪器长时间未开机,为得到好的调谐结果可将时间延长至 4 h。

（1）首先确认打印机已连好并处于联机状态。

（2）在操作系统桌面双击 GC-MS 图标进入工作站系统。

（3）在上图仪器控制界面下,单击视图菜单,选择调谐及真空控制进入调谐与真空控制界面。

（4）单击调谐菜单,选择自动调谐 MSD,进行自动调谐,调谐结果自动打印。

（5）如果要手动保存或另存调谐参数,将调谐文件保存到 atune.u 中。点击"视

图"然后选择"仪器控制"返回到仪器控制界面。

3. 样品测定

(1) 方法建立。

①7890A 配置编辑。

点击仪器菜单,选择编辑 GC 配置进入画面。在连接画面下,输入 GC Name:GC 7890A;可在 Notes 处输入 7890A 的配置,写 7890A GC with 5975C MSD。点击"获得 GC 配置"按钮获取 7890A 的配置。

②柱模式设定。

点击 图标,进入柱模式设定画面,在画面中,点击鼠标右键,选择从 GC 下载方法,再用同样的方式选择从 GC 上传方法;点击 1 处进行柱 1 设定,然后选中 On 左边方框;选择控制模式、流速或压力。

③分流与不分流进样口参数设定。

a. 点击 图标,进入进样口设定画面。点击"SSL-后"按钮,进入毛细柱进样口设定画面。

b. 点击模式右方的下拉式箭头,选择进样方式为分流方式,分流比为 50∶1,在空白框内输入进样口的温度为 220 ℃,然后选中左边的所有方框。

c. 选择隔垫吹扫流量模式标准,输入隔垫吹扫流量为 3 mL/min。对于特殊应用亦可选择可切换的,进行关闭。

④柱箱温度参数设定。

点击 图标,进入柱箱温度参数设定。选中柱箱温度为开左边的方框;输入柱子的平衡时间为 0.25 min。

⑤数据采集方法编辑。

从方法菜单中选择编辑完整方法项,选中除数据分析外的三项,点击确定。编辑关于该方法的注释,然后点击确定。

⑥点击 图标编辑溶剂延迟时间以保护灯丝,调整倍增器电压模式(此仪器选用增益系数),选择要使用的数据采集模式,如全扫描、选择离子扫描等。

⑦编辑 SIM 方式参数。点击参数编辑选择离子参数、驻留时间和分辨率,参数适用于组里的每一个离子。在驻留列中输入的时间是消耗在选择离子的采样时间。它的缺省值是 100 ms。它适用于在一般毛细管 GC 峰中选择 2~3 个离子的情况。如果多于 3 个离子,使用短一点的时间(如 30 ms 或 50 ms)。加入所选离子后点击添加新组,编辑完 SIM 参数后关闭。

(2) 采集数据。

①点击 GC-MS 图标,在方法文件夹中选择所要的方法。

②选好方法后,点击 图标,依次输入文件名、操作者、样品名等相关信

息,完成后按"确定",待仪器准备好后进样的同时按 GC 面板上的"Start",以完成数据的采集。

③当工作站询问是否取消溶剂延迟时,回答 NO 或不选择。如果回答 YES,则质谱开始采集,容易损坏灯丝。

(3) 数据分析。

①点击 GC-MS 数据分析图标,点击文件,调入数据文件。

②在全扫描方法中要得到某化合物的名称,先右键双击此峰的峰高,然后右键双击峰附近基线的位置得到本底的质谱图,再在菜单文件下选择背景扣除即可得到扣除本底后该化合物的质谱图,最后右键双击该质谱图,便得到此化合物的名称。

③用鼠标右键在目标化合物 TIC 谱图区域内拖拽可得到该化合物在所选时间范围内的平均质谱图,双击右键则得到单点的质谱图。

④在选择离子扫描方式时,不需要扣除背景。

4. 定量

定量是通过将来自未知量化合物的响应与已测定化合物的响应进行比较来进行的。

(1) 手动设置定量数据库。

(2) 选择"校正/设置定量"访问定量数据库全局设置页。

(3) 手动检查由测定样品数据文件生成的色谱图。

(4) 通过单击色谱图中化合物的峰来分别选择每种化合物。

(5) 在显示的谱图中选择目标离子。

(6) 选择此化合物的限定离子。

(7) 给化合物命名,如果此化合物是内标,则应标识。

(8) 将此化合物的谱图保存至定量数据库中。

(9) 对希望添加到定量数据库的每种化合物重复步骤(2)至(7)。

(10) 如果已添加完需要的所有化合物,则选择"校正/编辑化合物"以查看完整列表。

5. 关机

在操作系统桌面双击 GC-MS 图标,进入工作站系统,进入调谐和真空控制界面选择放空,在跳出的画面中点击确定,进入放空程序。本仪器采用的是涡轮泵系统,需要等到涡轮泵转速降至 10% 以下,同时离子源和四极杆温度降至 100 ℃ 以下,大概 40 min 后退出工作站软件,并依次关闭 MSD、GC 电源,最后关掉载气。

(五) 保养与维护

(1) 色谱柱伸入质谱腔中的长度要合适,太长或太短都不行。

(2) 垫圈要松紧合适,太松会有漏气的隐患,太紧则会压碎垫圈。

(3) 清洗离子源时打开腔体后,防止灰尘进入,注意气密性。

（六）相关资料

仪器使用说明书及安装培训教程。

七、戴安 ICS90 离子色谱仪操作规程

（一）目的

正确使用仪器和注意仪器的保养，使其处于良好的工作状态，可延长仪器的使用寿命。

（二）适用范围

戴安 ICS90 离子色谱仪的使用和维护。

（三）责任人

仪器设备管理人员、使用人员。

（四）操作步骤

（1）观察阴离子淋洗液瓶里淋洗液是否充足，若不充足，则应加足量。若测定阳离子，则应更换淋洗液。

（2）打开氮气瓶阀门，调整分压表为 0.2 MPa，调节淋洗液瓶压力表为 20～40 kPa。

（3）打开离子色谱仪电源开关，启动电脑，进入 Chromel 操作软件和操作面板。

（4）旋开泵上的排气泡阀，观察管道是否有气泡，若无，关闭拧紧排气泡阀。

（5）点击控制面板上 Pump（泵）上的 On（开）图标，启动泵，使流速为 1.0 mL/min。待压力上升至 7 MPa 以上时，若使用自生电解抑制器测定阳离子，使用 CS12A 柱，淋洗液是 20 mmol 甲烷磺酸（MSA），抑制器电流设为 59 mA（注意使用阳离子淋洗液时管路需要重新连接，需要冲洗残留在管路里的碱液）。

（6）在 File（文件）中新建 Program File（程序文件）和 Sequence（using Wizard，样品表）（使用向导）。

（7）Sequence（样品表）建好后，从菜单栏 Batch（批处理）点击"Start"（开始），运行选择好的 Sequence（样品表），样品会按照顺序依次运行。

（8）若要做数据处理，双击类型为 Standard（标准）的标准样品，点击"QNT-Editor"（方法编辑），依次按照工作表内容编辑，做出标准曲线后保存。

（9）实验结束后，首先关闭抑制器电源，最后关闭 Pump（泵），使 Pump（泵）处于 Off（关）状态，关闭软件和电脑，关闭离子色谱仪电源开关，关闭氮气瓶主阀。

（五）维护保养

（1）更换阴、阳离子系统时，必须取下保护柱、分析柱和抑制器，连接全部管路，用相应的酸和碱溶液冲洗。

（2）切忌让碱性溶液进入阳离子保护柱、分析柱和抑制器。切忌让酸溶液进入

阴离子保护柱、分析柱和抑制器。

（3）离子色谱仪最好一周运行一次，若超过 1 个月未用，抑制器必须活化，取下抑制器后从 4 个小孔中注入 10～30 mL 高纯水，放置 30 min，重新连接后再使用，否则，容易损坏抑制器。

（六）相关资料

仪器使用说明书及安装培训教程。

八、安捷伦 1260 高效液相色谱仪标准操作规程

（一）目的

正确使用仪器和注意仪器的保养，使其处于良好的工作状态，可延长仪器的使用寿命。

（二）适用范围

适用于安捷伦 1260 高效液相色谱仪及色谱数据工作站的操作。

（三）责任人

仪器设备管理人员、使用人员。

（四）操作步骤

1. 开机

（1）溶剂准备。

按要求准备所需流动相，每瓶均超声振荡 10 min 以排气，将原来浸泡在甲醇中的滤头取出，对应放在各个流动相中（A：二次蒸馏水；D：缓冲溶液；B：色谱纯甲醇；C：色谱纯乙腈）。

（2）开启工作站。

①启动计算机。

打开计算机电源，登陆 Windows 操作系统。

②启动工作站。

打开安捷伦 1260 高效液相色谱仪各模块电源，待安捷伦 1260 高效液相色谱仪各模块自检完成后（各模块右上角指示灯为黄色或者无色），点击屏幕桌面图标"HPLC-1260（联机）"，则进入工作界面。将鼠标移至系统或各个模块的状态指示栏，系统会自动显示未就绪或出错的原因。

（3）冲洗流动相管路。

逆时针旋开泵模块上的溶液排空阀，右键单击泵视图的空白处，选择"方法"，设置"流速"为 5 mL/min。将实验中需要的各个通道分别设置"溶剂"为 100%，点击确定开始冲洗，每个通道冲洗 3～5 min，若冲洗通道时压力显示超过 1 MPa，则可更换过滤白头。

（4）平衡柱子。

冲洗完柱子，按要求调整流动相速率及流动相比例，顺时针旋转排空阀，关闭溶液排空阀（确认泵流量为 1 mL/min），然后右键点击检测器模块视图的空白处，选择"方法"，进入检测器的参数设置界面，按要求设置参数（停止时间与泵一致），点击右键，选择"控制"，在弹出的窗口选择打开，开始平衡柱子，监视信号基线和压力，待平稳后即可进样（若用缓冲溶液和有机相作为流动相，先用水和有机相平衡 30 min，比例与所要求的缓冲溶液和有机相比例一致）。

（5）保存方法。

将编辑好的方法保存起来。

2．进样分析

进样前，从"运行控制"菜单中点击"样品信息"，编辑好数据的保存路径。进样时，逆时针旋动进样器六通阀旋钮，进样完毕立即顺时针旋回该旋钮，并拔出进样针，妥善放置。

3．数据分析方法编辑

点击屏幕桌面图标"HPLC-1260（脱机）"。从"文件"菜单中选择"调用信号"选项，选中数据文件名，点击确定，数据被调出。从"图形"菜单中选择"信号选项"，设置信号包括的信息，从"范围"中选择"满量程"或"自动量程"及合适的显示时间或选择"自定义量程"手动输入 X、Y 坐标范围进行调整，点击"确定"。反复进行，直到图的显示比例合适为止。

4．积分

（1）自动积分方法。

从"积分"菜单中选择"积分事件"选项，选择合适的"斜率灵敏度""峰宽""最小峰面积""最小峰高"。从"积分"菜单中选择"积分"选项，则数据被积分。若积分结果不理想，则修改相应的积分参数，直到满意为止。后将积分参数存入方法，最后，选择"方法→保存方法/方法另存为"或直接保存数据分析方法。

（2）手动积分方法。

选择"积分→积分事件"，选择"手动积分事件"，如需更改，更改自动积分方法后，保存并关闭"积分事件"。选择"积分→更新方法中的手动积分事件"，保存手动积分方法；选择"积分→应用方法中的手动积分事件"，将手动积分方法应用到当前谱图中；选择"积分→删除方法中的手动积分事件"，将从当前方法中删除手动积分事件。最后，选择"方法→保存方法/方法另存为"或者直接保存数据分析方法。

5．校正

为"标准样品"建立校正曲线（工作曲线/标准曲线），在色谱图正确积分后才可进行校正设置。

（1）校正设置。

从"文件"菜单中选择"调用信号"选项,选中标样数据文件名,点击确定,数据被调出。选择"校正→校正设置"设置校正参数。参考峰/其他峰—分钟栏留空,修改"％"以改变确认保留时间范围内的峰都被认为是参考峰/其他峰含量单位—填写样品含量单位,选择缺省校正曲线方法,"确定"退出。

（2）建立校正表。

选择"校正→新建校正表"。出现"新建校正表"菜单,点击"确定"即可。出现"校正表"表格,在图谱中选择需要校正的色谱峰,在表格中"化合物"栏填写化合物名称,"含量"栏填写色谱峰对应物质含量。右侧"校正曲线"即可实时更新校正曲线图,并标注 RSD 和相关系数。"确定"保存退出。最后,选择"方法→保存方法/方法另存为",或者直接保存数据分析方法。

（3）添加校正级别。

调用新的标样数据文件后,选择"校正→添加级别",点击"确定",在校正表中输入相应的标样浓度,点击"确定",右侧校正曲线窗口则会自动更新。

（4）打印带校正表的报告。

选择"报告→设定报告",在"定量设置"中的计算模式一栏选定"外标法","报告设置"为"完整报告"后,打印报告即可在"视图→信号选项"中选择"化合物名称",即可将化合物名称添加到打印的色谱图中。

6. 打印报告

选择"报告→设定报告"选项,点击"定量结果"框中"定量"右侧的黑三角,选中"外标法",其他选项不变。选择"类型",点击"确定"。从"报告"菜单中选择"打印",则报告结果将打印到屏幕上。如想输出到打印机上,则在上图中左下角"目标"处,将打印机选上。若要生成其他格式的报告,则选定"文件",然后选择相应的格式即可。在方法菜单中,选择"运行时选项表",确认"数据分析选项"也被选中,点击"确定"。点击"保存"按钮,存储修改的方法。此方法包含校准表,建立完毕。

7. 关机

（1）关闭检测器的灯。

关闭紫外检测器及其灯后冲洗系统,可以延长检测器灯的寿命。

（2）冲洗系统。

没有盐缓冲溶液的流动相,(反相系统)用(85％～90％)有机相＋(15％～10％)水相冲洗系统和反相色谱柱或者适宜的流动相冲洗系统和反相色谱柱;有盐缓冲溶液的流动相,(反相系统)用(85％～90％)水相＋(15％～10％)有机相冲洗系统和反相色谱柱(反相系统)30 min,除去反相色谱柱与系统中的盐溶液,然后用(85％～90％)有机相＋(15％～10％)水相冲洗系统和反相色谱柱 30 min。

（3）封存色谱柱。

(反相系统)用(90％～95％)有机相＋(10％～5％)水相封存反相色谱柱,两端封死(如长时间存放可将柱子完全浸泡在有机相内,以防用纯有机相封存反相色谱柱,如果长期保存,有机相会挥发)。

(4) 关闭电脑。

将泵流速逐步降至 0,单击"关闭"按钮,关闭所有模块,退出化学工作站,关闭电脑。

(5) 关闭模块。

关闭所有模块电源。

(6) 冲洗六通阀。

上下反复旋动六通阀旋钮,用注射器注射去离子水进行反复冲洗,冲洗完毕后将旋钮旋至分析标志处,用空闲针头堵住进样口并盖上红色保护盖。

(五) 维护保养

1. 维护

(1) 日常维护。

①运行环境。

为了使仪器合理运转及延长其使用寿命,应该将仪器置于平稳固定的台面上,要求台面无振动,周围无辐射和磁场。另外,因为流动相大多数是有机溶剂,还要保持室内有通风换气的设备。

②开机维护。

首先检查检测使用的流动相以及色谱柱是否准确无误,然后打开仪器的稳定电源,再打开输液泵、柱箱。设置好色谱柱的最大保护柱压,进行排气工作,并确保流路中不会有气泡。加快流速不可操之过急,应该从小到大逐步加速,这样是为了更好地保护色谱柱。

③柱前维护。

注意不要把溶剂瓶放在光线强烈的地方,尽量使用琥珀色的溶剂瓶。可在色谱柱前加上保护柱,从而避免污染色谱柱,进而延长色谱柱的使用寿命。

④关机维护。

a. 实验完成后,首先关闭检测器,保证灯的有效使用年限。

b. 没有盐缓冲溶液的流动相,(反相系统)用(85%~90%)有机相+(15%~10%)水相冲洗系统和反相色谱柱。

c. 有盐缓冲溶液的流动相,(反相系统)用(85%~90%)水相+(15%~10%)有机相冲洗系统和反相色谱柱(反相系统)30 min,除去反相色谱柱与系统中的盐缓冲溶液,然后用(85%~90%)有机相+(15%~10%)水相冲洗系统和反相色谱柱30 min。

d. 泵的流速逐渐减小到 0 时,才可关闭泵和稳压器。反相系统用(90%~95%)有机相+(10%~5%)水相封存反相色谱柱。

⑤其他维护。

流动相使用前必须过滤,不要使用多日存放的蒸馏水(易长菌)。流动相使用前必须进行脱气处理,可用超声波振荡 10～15 min。

(2)定期维护。

①开机时,打开排气阀,泵流量为 3 mL/min(高纯水),若此时显示压力大于 1 MPa,则应更换排气阀内过滤芯(过滤白头)。

②根据使用情况定期更换柱前保护柱或者色谱柱。

③每年根据实验情况安排工程师对仪器进行预防保养。

(六)相关资料

仪器说明书及安捷伦化学工作者现场操作培训教材。

九、Thermo Fisher Scientific 红外光谱仪操作规程

(一)目的

正确使用仪器和注意仪器的保养,使其处于良好的工作状态,确保仪器设备正常运行、分析数据的准确性。

(二)适用范围

Thermo Fisher Scientific 红外光谱仪的使用与维护。

(三)责任人

仪器设备管理人员、使用人员。

(四)操作步骤

(1)检查仪器各部件连接是否正确。

(2)检查并确认仪器右下角的湿度检测试纸是否呈现蓝色,如发白或变红,应立即更换机器内部干燥剂。

(3)打开仪器背面电源、电脑电源,打开 OMNIC 软件,等待仪器与电脑自动连接。查看仪器电脑显示,确认光谱仪与电脑连接成功。

(4)准备样品,样品应为薄膜或片材状,检查样品是否被污染,如污染,应用无水酒精擦拭干净。

(5)抬起压力块检查硒化锌晶体是否清洁,如有污染则应用棉花蘸取无水酒精,小心擦拭干净(注意不能用手接触硒化锌晶体以免将其损伤)。

(6)点击采集背景样并等待,当菜单显示数据采集完成,需选择是否将其加到 Windows 时,选择"否",此时图谱消失,但已经被记忆在电脑中,等样品采集后自动扣除背景。

将样品放入测试区,平铺在硒化锌晶体上,旋紧压力调节螺丝,但不能太紧(建议刻度显示位置在 1～2 之间为宜),防止将硒化锌晶体压坏。

（7）点击采集样品菜单并等待,当菜单显示数据采集完成,需选择是否将其加到Windows时,选择"是",此时出现的样品图谱是已经扣除背景的图谱。

（8）选择检索设置菜单并选择谱库进行检索,电脑会自动检索并给出匹配率较高的10个图谱。如果图谱库里没有与样品匹配的图谱,再利用各峰位置结合随机的基础红外解析图来做出判断。

（9）为保证测试结果的可靠性,要求必须检测两个或两个以上样品,在两个样品的图谱匹配率大于98%的情况下,才可认定本次测试结果有效。

（10）任何操作人员在仪器操作完毕后,应如实填写使用记录,进行清场工作后才可离去。

（五）维护保养

（1）仪器应定期保养,保养时应注意切断电源,不要触及任何光学元件及狭缝机构。

（2）经常检查仪器存放地点的温度、湿度是否在规定的范围内。一般要求实验室装配空调和除湿机。

（3）每周检查干燥剂两次。干燥剂中指示硅胶变色（蓝色变为浅蓝色）时,需要更换干燥剂,每次六包。

（4）每周保证开机预热2 h以上。

（六）相关资料

仪器使用说明书及安装培训教程。

十、海能全自动旋光仪标准操作规程

（一）目的

正确使用仪器和注意仪器的保养,使其处于良好的工作状态,可延长仪器的使用寿命。

（二）适用范围

海能全自动旋光仪的使用和维护。

（三）责任人

仪器设备管理人员、使用人员。

（四）操作步骤

（1）接通电源,仪器开机,等待数秒后屏幕显示主界面窗口,在主界面窗口可以进行相应的参数设置。

（2）轻触"模式"图形按钮,选择不同的测量模式,选择好模式后轻触"确定"即可回到主界面。同法对"参数"进行设置后即可回到主界面测定样品。

（3）样品的测定。

①将装有蒸馏水或其他空白溶剂的试管放入样品室,盖上样品室盖,按"清零"键,显示"0"读数。试管中若有气泡,应先让气泡浮在凸颈处,通光面两端的雾状水滴应用软布擦干。试管螺帽不宜旋得过紧,以免产生应力,影响读数。试管安放时应注意标记位置和方向。

②取出试管,将待测样品注入试管,按相同的位置和方向放入样品室内,盖好室盖。仪器将显示出该样品的旋光度(或相应示值)。

③仪器设置自动测量 n 次,得 n 个读数并显示平均值。如果测量次数设定为 1,可用复测键手动复测,当复测次数 $n>1$ 时,按"复测"键,仪器将清除前面的测量值。再连续测量 n 次。

④每次测量前,请按"清零"键。

(4)仪器使用完毕后,关闭电源,填写使用登记表。

(五)维护保养

(1)旋光仪应放在通风干燥和温度适宜的地方,以免受潮发霉。

(2)旋光仪连续使用时间不宜超过 4 h。如果使用时间较长,中间应关熄 10~15 min,待钠光灯冷却后再继续使用,或用电风扇吹,降低灯管受热程度,以免亮度下降和寿命缩短。

(3)试管用后要及时将溶液倒出,用蒸馏水洗涤干净,揩干藏好。所有镜片均不能用手直接揩拭,应用柔软绒布揩拭。

(六)相关资料

仪器使用说明书。

十一、北京吉天 AFS-8220 原子荧光光谱仪标准操作规程

(一)目的

正确使用仪器和注意仪器的保养,使其处于良好的工作状态,可延长仪器的使用寿命。

(二)适用范围

北京吉天 AFS-8220 原子荧光光谱仪的使用与维护。

(三)责任人

仪器设备管理人员、使用人员。

(四)操作步骤

(1)打开电脑,进入 Windows 系统。

(2)检查水封是否有水。

(3)换上需要的元素灯。

（4）打开仪器主机电源,检查灯光斑是否对正,若不正应进行调整。

（5）双击桌面上 AFS-8X 系列"原子荧光光度计"图标进入工作站。进入工作站后,出现自检测画面,单击"检测",正常后,单击"返回"。

（6）双击"点火"图标。

（7）单击"元素表",A、B 道自动识别元素灯,进样方式选"自动"。

（8）单击"仪器条件",设置工作电压、电流。单击"测量条件",设置延迟时间为 0.5 s,控制荧光值在 200～700 之间,负高压不大于 320 V,A 灯砷电流不大于 120 mA,B 灯汞电流不大于 40 mA,辅阴极自动变化,载气调到 400,其他量不用改变,最后点击"确定"。

（9）双击"标准系列",输入曲线浓度,点击"S1～S5",输入 A、B 道所测元素标准曲线各点浓度及位置,单击"确定"。

（10）单击"样品参数",单击"样品空白",并设置样品空白位置,单击"确定"。单击"添加样品",依次输入插入样品个数(不包括空白样品)、样品名称、稀释因子(前面框为所取样品量,后面为定容后的体积)。

（11）单击"测量窗口",出现测量画面。

（12）单击"预热",进行预热,最少 30 min。

（13）预热结束,打开气瓶开关,把分压表调到 0.3 MPa。

（14）确定载流(进样针要高过载流槽(进样装置上面的水槽),液面不能高过槽眼)、还原剂(主机右侧的单独的细管)、样品、标准点都已放好,压紧泵块。

（15）点击"重做空白",出现"另存为"的画面,在新建文件处输入新建文件名,然后点击"保存"。仪器开始运行。

（16）依次测量标准空白、标准曲线 S1～S5 各点、样品空白、样品(也可以选中区域测量,若只做标准空白也可点"重做空白")。

（17）单击报告、工作曲线(理论上相关系数大于 0.999,若图上的某个点不好,则将下面的标记"√"去掉,去掉方法是直接点"勾号",根据需要进行打印)。

（18）清洗,点击"清洗程序",按清洗说明放好各毛细管(清洗时先把载流、还原剂都换成水再清洗。载流槽上有 1 个小眼是朝外的,并注意进样针的高度),点击"清洗",清洗 5 次以上。

（19）点击"熄火",然后关闭软件、主机电源,关气、送泵压块,关闭电脑。

（五）维护保养

（1）严格遵循开、关机程序。

（2）观察管路的密闭性能,如果管路漏液应及时停止转泵,查清漏源,再次连接好管路,应及时清除漏液,避免液体腐蚀仪器表面。

（3）测试完成以后,用去离子水清洗泵管和注射针管,并及时取下蠕动泵泵管卡,避免泵管被长时间压制变形而影响其寿命。变形后可用 10% 盐酸浸泡 48 h,用去离子水清洗干净,备用。

（4）泵管使用一段时间后,应随时向泵管与泵头间的空隙滴加随机提供的硅油,以保护泵管。

（5）仪器的外壳表面经过喷漆及喷塑工艺的处理,在使用过程中请不要将溶液遗洒在外壳上,否则会留下斑痕,如果不小心将溶液遗洒在外壳上,请立即用湿毛巾擦拭干净,杜绝使用有机溶液擦拭。

（6）气液分离器和加热石英管为石英玻璃件,应避免碰撞以免破碎,使用过程中可用10%盐酸浸泡24 h以清除杂质,用去离子水清洗干净,晾干备用。

（7）仪器长期不用时,需每隔1个月预热仪器0.5 h左右（在测量状态下预热才有用）,有助于延长灯及仪器的寿命。

（六）相关资料

仪器使用说明书。

十二、舜宇恒平 UV-756PC 型紫外-可见分光光度计标准操作规程

（一）目的

规范紫外-可见分光光度计的使用过程,特制定本标准。

（二）范围

适用于舜宇恒平 UV-756PC 型紫外-可见分光光度计的使用、操作及保养。

（三）责任人

仪器设备的管理人员、使用人员。

（四）操作步骤

1. 开机预热

仪器在使用前应预热30 min。

2. 波长扫描

（1）单击〈文件〉,建立波长扫描测试文件。

（2）选择主菜单〈操作〉〈设置〉,打开波长扫描参数设定窗口。

（3）选择显示模式,一般选择吸光度,扫描波长范围、坐标上限、坐标下限和扫描间隔。

（4）单击确定完成并退出设置。

（5）将参比置于光路中。

（6）建立系统基线。

（7）调零。

（8）将待测样品置于光路中,选择主菜单〈操作〉〈开始测试〉。

（9）保存数据。

3．定量分析

（1）选择主菜单〈文件〉〈定量分析〉，新建定量分析文件。

（2）设定定量测试参数拟合方式、浓度单位、波长个数、波长参数和标定方式。设定完成后点击〈确定〉。

（3）选择标准样品标定法，样品的个数为 5 个，点击"确定"，完成设置。

（4）输入每个样品的浓度。

（5）将 1 号标准样品置于光路中，双击样品在数据表中对应的吸光度的表格，读取标准样品的吸光度数值。

（6）按照上面的方法完成所有标准样品的测试。

（7）输入完成后，软件会在数据表上方的图谱中显示计算公式，同时在图谱中显示拟合曲线，标准曲线建立完成。

（8）将参比置于光路中，调零。

（9）将样品置于光路中，选择主菜单〈操作〉〈开始测试〉。

（10）保存数据。

（五）维护保养

紫外-可见分光光度计是精密光学仪器，出厂前经过精细的装配和调试，如果能对仪器进行适当的维护与保养，不仅能保证仪器检测结果的可靠性和稳定性，还可以延长仪器的使用寿命。

（1）每次使用后应检查样品室是否积存溢出溶液，经常擦拭样品室，以防废液对部件或光学元件产生腐蚀。盛有测试溶液的比色皿不宜在样品室内久置。

（2）要注意保护比色皿的光学窗。除不要擦伤外，还要防止光学窗被污染，使用完毕后要及时清洗，不要使残留的样品或洗涤液吸附在光学窗上，以保持其良好的配对性。

（3）仪器使用完毕应盖好防尘罩，可在样品室内放置干燥剂袋防潮，但开机时要取出。

（4）仪器液晶显示器和键盘日常使用和保存时应注意防划伤、防水、防尘和防腐蚀。

（5）定期进行性能指标检测，发现问题即与当地产品经销商或公司销售部联系。非专业维修人员请勿擅自打开机壳进行修理。

（6）长期不用仪器时，尤其要注意环境的温度、湿度，最好在样品室内放置干燥剂袋并定期更换。

（六）相关资料

仪器使用说明书。

第四节　操作技能实训

实训一　容量玻璃器皿的校准[①]

【技能目标】

掌握容量玻璃器皿的绝对校准方法及操作技能；掌握校准后溶液体积的计算方法。

【知识目标】

(1) 掌握容量玻璃器皿绝对校准方法的原理。

(2) 了解容量玻璃器皿校准的意义。

【素质目标】

(1) 规范操作，注意安全，遵守实验室各项规章制度。

(2) 培养学生对标准方法的理解能力。

【实训内容】

(一) 实验原理

定量分析中要用到各种容量玻璃器皿，如滴定管、移液管和容量瓶，它们的容积在生产过程中已经检定，其所刻容积有一定的精确度，可满足一般分析的要求。但也常有质量不合格的产品流入市场，如果不预先进行校准，就可能给实验结果带来误差。因此，在滴定分析中，特别是在准确度要求较高的分析工作中，必须对容量玻璃器皿的容积进行校准。校准的方法有称量法和相对校准法。

称量法的原理：称量一定温度下校准容器中容纳或放出纯水的质量，根据该温度下纯水的密度即可计算出被校准容器的实际容积。

测量液体体积的基本单位是毫升(mL)。1 mL 是指真空中 1 g 纯水在最大密度时(3.98 ℃下)所占的体积。换句话说，在 3.98 ℃下和真空中称量所得的水的质量(g)，在数值上等于它的体积(mL)。

因为玻璃具有热胀冷缩的特性，所以在不同温度下，玻璃容器的容积也不同。因此，规定使用玻璃容器的标准温度为 20 ℃。各种玻璃容器上标出的容积，称为在标

---

① 参考 GB/T 12810—91《实验室玻璃仪器 玻璃量器的容量校准和使用方法》。

准温度 20 ℃时玻璃容器的标准容积。

但是,在实际校准工作中,容器中水的质量是在室温下和空气中称量的。因此必须注意以下三个方面的校准工作。

(1) 空气浮力使质量改变的校准。

(2) 水的密度随温度而改变的校准。

(3) 玻璃容器本身容积随温度而改变的校准。

综合上述影响,可得出在 20 ℃下,容积为 1 mL 的玻璃容器,在不同温度时所盛水的质量,见表 2-1。据此可用下式计算玻璃容器的校准值。

$$V_{20} = \frac{m_t}{d_t}$$

式中:V_{20}——20 ℃时玻璃容器的真实容积;m_t——空气中 t ℃时水的质量;d_t——t ℃时在空气中用黄铜砝码称量 1 mL 水(在玻璃容器中)的质量。

如某支 25 mL 移液管在 25 ℃放出的纯水质量为 24.921 g,则该移液管在 20 ℃的实际容积为

$$V_{20} = \frac{24.921}{0.99617} = 25.01 (\text{mL})$$

即这支移液管的校准值为 $25.01 - 25.00 = +0.01 (\text{mL})$。

表 2-1 不同温度下 1 mL 纯水在空气中的质量(用黄铜砝码称量)

温度/℃	d_t/(g/mL)	温度/℃	d_t/(g/mL)	温度/℃	d_t/(g/mL)
10	0.99839	19	0.99734	28	0.99544
11	0.99833	20	0.99718	29	0.99518
12	0.99824	21	0.99700	30	0.99491
13	0.99815	22	0.99680	31	0.99464
14	0.99804	23	0.99660	32	0.99434
15	0.99792	24	0.99638	33	0.99406
16	0.99778	25	0.99617	34	0.99375
17	0.99764	26	0.99593	35	0.99345
18	0.99751	27	0.99569	36	0.99544

校准不当和使用不当都是产生误差的主要原因,校准时必须仔细、正确地进行操作,使校准误差减至最小。凡要使用校准值的,其校准次数不得少于 2 次。两次校准数据的偏差应不超过该容器容积所允许偏差的 1/4,以平均值为校准结果。

在某些情况下,人们只要求两种容器之间有一定的比例关系,而无须知道它们的准确体积,这时可用相对校准法。经常配套使用的移液管和容量瓶,采用相对校准法更为重要。例如,用 25 mL 移液管移取蒸馏水至干净且倒立晾干的100 mL容

量瓶中,到第 4 次后,观察瓶颈处水的弯月面下缘是否刚好与刻线上缘相切。若不相切,应重新做一记号为标线,以后此移液管和容量瓶配套使用时就用校准的标线。

如要更全面、详细了解容量玻璃器皿的校准,可参考国家计量检定规程 JJG 196—1990《常用玻璃量器检定规程》。

(二) 实验方法

1. 容量瓶的校准

将待校准的容量瓶洗净干燥,取烧杯并盛放一定量蒸馏水,将容量瓶及蒸馏水同时放于天平室中 20 min,使温度与空气的温度一致,记下蒸馏水的温度。将空的容量瓶连同瓶塞一起称定质量。加蒸馏水至刻度,注意刻度之上及瓶外不可留有水珠,否则应用干燥滤纸擦干,盖上瓶塞,称定质量,减去空瓶质量即得容量瓶中水的质量。从表 2-1 查出 d_t,按公式算出容量瓶的真实容积。

如容量瓶无刻度或与原刻度不符时,应刻上刻度或校准原来的刻度。方法是用纸条沿容量瓶中水的凹面成切线贴成一圆圈,然后倒去水,在纸圈上涂上石蜡,再沿纸圈在石蜡上刻一圆圈,沿圆圈涂上氢氟酸,使氢氟酸与玻璃接触。2 min 后,洗去过量的氢氟酸并除去石蜡,即可见容量瓶上的新刻度(利用氢氟酸能够腐蚀玻璃的原理)。

根据国家规定,不同容积容量瓶允许的误差范围见表 2-2。

表 2-2　容量瓶允许误差表

体积/mL	允许误差/mL
250	±0.15
100	±0.10
50	±0.05
25	±0.03
10	±0.020
5	±0.020
2	±0.015

2. 移液管的校准

(1) 取一个洁净且外壁干燥的锥形瓶,称定质量,精确至 1 mg。

(2) 取内壁已洗净的待校准的移液管,按照移液管的使用方法,吸取蒸馏水至刻度,将蒸馏水放入上述锥形瓶中,称定质量,记下水温。

(3) 计算得出由移液管转移到锥形瓶中的蒸馏水的质量,并从表 2-1 中查出 d_t,按公式计算出移液管的真实容积。

（4）刻度吸管（吸量管）的校准方法，可按滴定管的校准法进行。

根据国家的规定，不同容积移液管允许的误差范围见表 2-3。

表 2-3　移液管允许误差表

体积/mL	允许误差/mL
100	±0.08
50	±0.05
25	±0.030
20	±0.030
10	±0.020
5	±0.015
2	±0.010

3. 滴定管的校准

（1）取一个洁净且外壁干燥的锥形瓶，称定质量，精确至 1 mg。

（2）将已洗净的待校准的滴定管装入蒸馏水，并将液面调节至 0.00 刻度处，记下水温，从滴定管放 5.00 mL 蒸馏水至锥形瓶中（根据滴定管大小及管径均匀情况，每次可放蒸馏水 5.00 mL 或 10.00 mL）。

（3）称定"瓶＋水"的质量，两次质量之差即为放出蒸馏水的质量。根据放出蒸馏水的质量，从表 2-1 查出 d_t，即可算出滴定管 0.00～5.00 mL 刻度之间的真实容积。

（4）按上述方法继续校准 0.00～10.00 mL、0.00～15.00 mL、0.00～20.00 mL 各段的真实容积，注意每次都从滴定管零刻度处开始。

（5）重复校准 1 次。两次校准所得同一刻度的体积相差不应大于 0.01 mL。算出各体积处的校准值（两次平均值）。以读数值为横坐标、校准值为纵坐标作校准曲线，以备滴定时查取。

（6）校准时必须控制滴定管的流速，使其每秒钟流出 3～4 滴，读数必须准确。根据国家规定，滴定管误差：50 mL 滴定管为 ±0.05 mL，25 mL 滴定管为 ±0.04 mL。滴定管的零至任意分量的误差均应符合规定。

（三）注意事项

（1）校准容量玻璃器皿所用蒸馏水应预先放在天平室，使其与天平室的温度达到平衡。

（2）待校准的仪器，应仔细洗涤至内壁完全不挂水珠。

（3）容量瓶校准时，注意刻度上方的瓶内壁不得挂水珠；校准时所用锥形瓶，必须干净，瓶外须干燥。

(4) 一般每个仪器应校准两次,即做平行实验两次。

(5) 在分析天平上称量盛水锥形瓶时,应暂时将天平箱内的硅胶取出,实验完成后再把硅胶放回天平箱内。

(四) 思考题

(1) 为什么要进行容量玻璃器皿的校准?

(2) 在开始放水前,若滴定管和移液管尖端或外壁挂有水珠,该怎么办?

(3) 称量时应将天平箱内干燥剂取出,为什么?

(4) 校准容量瓶、移液管、滴定管时,这些玻璃器皿是否均需预先干燥? 为什么?

实训二 电子天平的使用和称量练习

【技能目标】

学会正确使用差减称量法称量一定质量的样品。

【知识目标】

熟悉电子天平的结构,掌握差减称量法的操作及注意事项。

【素质目标】

(1) 规范操作,注意安全,遵守实验室各项规章制度。

(2) 培养学生对标准方法的理解能力。

【实训内容】

(一) 电子天平操作方法

(1) 调水平:调整地脚螺旋高度,使水平仪内空气泡位于圆环中央。无论哪种类型的天平,在开始称量前,都必须使电子天平处于水平状态才可以进行称量,调整水平的方法基本相同。

(2) 接通电源、预热(0.5 h)。

(3) 按开关键(ON/OFF 键),直至全屏自检。

(4) 校准。

(5) 按校正键(CAL 键),电子天平将显示所需校正砝码的质量(如 100 g)。放上 100 g 标准砝码,直至显示 100.0000 g,校正完毕,取下标准砝码。

(6) 零点显示(0.0000 g)稳定后即可进行称量。

(7) 使用除皮键 TARE,可消去不必记录的数字(如承载瓶的质量等),根据实验要求,选用一定的称量方法进行称量。

(8) 称量完毕,记下数据后将重物取出,电子天平自动归零。电子天平应一直保持通电状态(24 h),不使用时将电子天平调至待机状态,使电子天平处于保温状态,可延长电子天平使用寿命。

(二) 称量方法

使用分析天平进行称量的方法有直接称量法、加重称量法、差减称量法(或递减称量法)三种。下面分别进行介绍。

(1) 直接称量法:欲知道某一未知质量物体的质量,可将此物体直接放在电子天平上进行称量,从而获得该物体准确质量的方法,称为直接称量法。

(2) 加重称量法:在分析实验中,有时要求称取某特定质量的试样或基准物,而这些试剂是吸湿性不大的粉末状物质时,可以采用此称量法称取。

基本操作方法如下:用一干燥的器皿(小烧杯、表面皿)或一张称量纸(将其叠成小铲)放在电子天平托盘上并称取其质量,然后用药勺先加入比所需质量略少的试样,直至加入的试样质量与所指定的质量数值相等。

(3) 差减称量法(或递减称量法):将适量试样装入称量瓶中,用纸条缠住称量瓶放于电子天平托盘上,称得称量瓶及试样质量为 W_1,然后用纸条缠住称量瓶,从电子天平托盘上取出,举放于容器上方,瓶口向上稍倾,用纸捏住称量瓶盖,轻敲瓶口上部,使试样慢慢落入容器中,当倾出的试样已接近所需要的质量时,慢慢地将称量瓶竖起,再用称量瓶盖轻敲瓶口下部,使瓶口的试样集中到一起,盖好瓶盖,放回到电子天平盘上称量,得 W_2,两次称量之差就是试样的质量。同样的操作,可以连续称取第二、第三、第四份试样。所以,当需称取多份在一定质量范围的试样,而且试样又较易吸湿、易氧化或挥发时,即可采用此称量法——差减称量法进行称量。

(三) 原始数据记录

记录称量过程中的数据(表 2-4)。

表 2-4　称量记录表

项目	测定次数	
	Ⅰ	Ⅱ
称量瓶质量 A/g		
称量瓶+样品质量 B/g		
称量瓶中样品的质量 $D=(B-A)$/g		
倾出样品的质量 $W=(W_1-W_2)$/g		
操作结果检验$(W-D)$/g		

(四) 思考题

(1) 称量时,需取放物体或加减砝码时,应如何操作?

(2) 什么情况下必须关闭天平门?

（3）在称量实验中,应注意哪些事项?

实训三　微量移液器的使用与校准

【技能目标】

掌握微量移液器的操作及校准方法。

【知识目标】

掌握微量移液器的校准原理。

【素质目标】

（1）规范操作,注意安全,遵守实验室各项规章制度。
（2）培养学生对标准方法的理解能力。

【实训内容】

（一）实验原理

微量移液器是一种取样量连续可调的精密取液仪器,其基本原理是依靠活塞的上下移动来取液。其活塞移动的距离是由调节轮控制螺杆结构来实现的,推动按钮带动推杆使活塞向下移动以排出活塞腔内气体。松手后,活塞在复位弹簧的作用下恢复至原位,从而完成一次吸液过程。

微量移液器移动的液体以微升为基本单位,由于在操作过程中空气的进出介入相关动作会影响实验的精确度,因此必须考虑温度、密闭性、轴心移动速度、试剂的蒸汽等因素。

（二）仪器与试剂

不同规格（10000 μL、5000 μL、1000 μL、200 μL）微量移液器、电子天平、水、防水膜等。

（三）实验步骤

（1）选择 1000P、200P、20P 的微量移液管。
（2）反复练习怎样使用微量移液管。
（3）将防水膜放到电子天平中,并将电子天平调零。
（4）轻轻转动微量移液器的调节轮,使读数显示为所要移取液体的体积。
（5）在套筒顶端插入吸头,轻轻用力下压的同时,把手中的微量移液器按逆时针方向旋转一下。
（6）轻轻按下推动按钮,推到第一挡。

（7）手握微量移液器，将吸液尖垂直浸入蒸馏水中，浸入深度为 2～4 mm。2 s 后缓慢松开推动按钮，即从第一挡还原。

（8）将微量移液器垂直放在电子天平上，按下推动按钮到第一挡，液体泄出，再继续按下推动按钮到第二挡，使吸液尖末端残留液体完全泄出，放松推动按钮，使推动按钮复原。

（9）观察电子天平，并记录数值。

（10）计算结果。

$$容积＝天平读数/水的密度（25\ ℃水的密度值:0.99705\ g/cm^3）$$

$$相对偏差计算\ RD\%＝|(V_i-V)|/V\times100$$

式中：V_i——计算容积；V——设定容积。

$$相对标准偏差计算\ RSD\%＝(100/V)\times[\Sigma(V_i-V)^2/(N-1)]^{1/2}$$

校准结论：$RD\%\leqslant2$ 且 $RSD\%\leqslant1$，判为合格；否则判为不合格。

（四）注意事项

（1）设定移液体积：从大量程调节至小量程时可正常调节，逆时针旋转刻度即从小量程调节至大量程时，应先调至超过设定体积刻度，再回调至设定体积刻度，这样可以保证微量移液器的精确度。

（2）装配移液吸头：将微量移液器垂直插入吸头，左右旋转半圈，上紧即可。用微量移液器撞击吸头的方法是非常不可取的，长期这样操作会导致微量移液器的零件因撞击而松散，严重时会导致调节刻度的旋钮卡住。

（3）吸液及放液：垂直吸液，吸头尖端浸入液面 3 mm 以下，吸液前吸头先在液体中预润洗，慢吸慢放，放液时如果量很小则应将吸头尖端靠着容器内壁。

（4）吸有液体的移液器不应平放，吸头内的液体很容易污染微量移液器内部而可能导致微量移液器的弹簧生锈。

（5）微量移液器在每次实验后应将刻度调至最大，可使弹簧恢复至原位以延长微量移液器的使用寿命。

（6）吸取液体时一定要缓慢平稳地松开拇指，绝不允许突然松开，以防将溶液吸入过快而冲入微量移液器内部而导致污染。

实训四　pH 计校准及使用

【技能目标】

掌握 pH 计的结构及操作规程。

【知识目标】

了解 pH 计的测定原理及意义。

【实训内容】

（一）仪器及试剂

（1）仪器：pHS-3C 酸度计、复合 pH 玻璃电极等。

（2）试剂：邻苯二甲酸氢钾标准缓冲溶液 pH＝4.00；磷酸二氢钾和磷酸氢二钠标准缓冲溶液 pH＝6.86；硼砂标准缓冲溶液 pH＝9.18 等。

（二）实验步骤

1．标准缓冲溶液的配制

将相应标准缓冲溶液试剂包中的试剂用蒸馏水溶解，转入试剂包规定的容量瓶中定容，贴好标签备用。

2．pH 计的标定（按照操作说明书操作）

（1）选择温度测定；调节温度补偿，达到溶液温度值。

（2）选择 pH 校正。

（3）分别进行 1 点、2 点、3 点校正（以下以 2 点校正为例，适用酸性溶液）。

（4）把用蒸馏水清洗过的电极插入 pH＝6.86 标准缓冲溶液中。

（5）调节定位，使仪器显示的读数与该缓冲溶液当时温度下的 pH 相一致。

（6）用蒸馏水清洗电极，用滤纸吸干，再插入 pH＝4.00 的标准缓冲溶液中，调节仪器，使其显示读数与该缓冲液当时温度下的 pH 一致，仪器完成标定。用任意标准溶液验证，如有误差再重复步骤（4）～（6）。

（7）用水样将电极和烧杯冲洗 6～8 次后，测量水样的 pH。

（8）实验完毕，把电极用蒸馏水冲洗干净，用滤纸吸干后套上放置少量外参比补充液的电极保护套，拉上电极上端的橡皮套，小心放好。

（三）注意事项

（1）测定前，按各品种项下的规定，选择两种 pH 约相差 3 个 pH 单位的标准缓冲溶液，并使供试品溶液的 pH 处于两者之间。

（2）取与供试品溶液 pH 较接近的第一种标准缓冲溶液对仪器进行校正（定位），使仪器示值与列表数值一致。

（3）仪器定位后，再用第二种标准缓冲溶液核对仪器示值，误差应不大于±0.02 pH 单位。若大于此偏差，则应小心调节斜率，使示值与第二种标准缓冲溶液的列表数值相符。重复上述定位与斜率调节操作，至仪器示值与标准缓冲溶液的规定数值误差不大于±0.02 pH 单位。否则，需检查仪器或更换电极后，再行校正至符合要求。

（四）思考题

（1）pH 计为什么要用标准缓冲溶液校正？

（2）电位法测定水溶液 pH 的原理是什么？

第三章 实验室仪器设备期间核查规程

第一节 总 则

(一) 目的

对检测用设备在两次检定之间的技术指标进行期间核查以保持设备校准状态的可信度,确保检测结果准确可靠。

(二) 适用范围

本中心主要或重要检测仪器设备、现场检测仪器设备的期间核查。

(三) 职责

(1) 质量负责人负责编制年度期间核查计划。

(2) 项目负责人具体实施期间核查,检测室负责人负责对核查结果进行确认。

(3) 质量监督员负责督促完成期间核查计划。

(四) 期间核查时机

一般在仪器的检定或校准周期内进行 1～2 次期间核查,当出现以下情况时也应考虑实施期间核查。

(1) 使用环境条件发生变化,如温度、湿度变化较大,有可能影响仪器的准确性时。

(2) 在检测过程中,发现可疑数据,对仪器设备提出怀疑时。

(3) 遇到重要的检测,如发生重大水质污染事故或委托用户对检测结果有争议时。

(五) 期间核查方法

(1) 使用有证标准物质进行核查,标准物质包括各种标准样品,如 pH 计、电导率仪等采用定值溶液进行核查。使用标准物质核查时应注意所用的标准物质的量值能够溯源,并且有效。

(2) 使用仪器附带设备核查,仪器带有的自动校准系统可以用来核查。如电子天平自带的标准工作砝码能够自动校准。

（3）仪器设备之间的比对，实验室中有多台相同或类似的仪器设备，可以与另一台相同或更高精度的仪器设备进行比对。

（4）使用不同检测方法进行比对，如溶解氧测定仪采用碘量法进行比对。

（5）对保留样品量值重新测量，只要保留的样品性能稳定，则可以用来作为期间核查的核查标准。例如，对无校准源的放射性检测仪器使用特定的样品。

（6）检测标准方法、技术规定中有关要求和方法，可以直接作为期间核查的方法。

（7）期间核查可以参照仪器设备检定规程操作，采用其中需要核查的部分（常用仪器设备检定规程见表3-1）。如果没有该类仪器设备的检定规程，还可以参照类似仪器设备的检定规程。

表 3-1　常用仪器设备检定规程

序　号	仪器设备的检定规程	编　号
1	实验室 pH（酸度）计检定规程	JJG 119—2018
2	电子天平检定规程	JJG 1036—2008
3	电导率仪检定规程	JJG 376—2007
4	溶解氧测定仪检定规程	JJG 291—2018
5	紫外、可见、近红外分光光度计检定规程	JJG 178—2007
6	化学需氧量（COD）测定仪检定规程	JJG 975—2012
7	原子吸收分光光度计检定规程	JJG 694—2009
8	原子荧光光度计检定规程	JJG 939—2009
9	气相色谱仪检定规程	JJG 700—2016
10	液相色谱仪检定规程	JJG 705—2014
11	气相色谱-质谱联用仪校准规范	JJF 1164—2018
12	移液器检定规程	JJG 646—2006
13	傅里叶变换红外光谱仪检定规程	JJG 001—1996
14	离子色谱仪检定规程	JJG 823—2014
15	荧光分光光度计检定规程	JJG 537—2006
16	旋光仪及旋光糖量计检定规程	JJG 536—2015

（8）仪器设备使用说明书及产品标准或供应商提供的方法。

（9）对于没有方法来源的仪器设备，可以编制期间核查实施细则。实施细则的方法内容也可以合并在仪器设备操作规程中。实施细则应包括如下内容。

①被核查仪器名称、测量范围及主要技术参数名称。

②所采取核查方法中涉及的核查标准物质的名称、测量范围。

③所采取的期间核查方法、核查测量过程的描述。

④核查数据记录的要求、核查结果的判定方法。

(六) 期间核查记录

期间核查应有记录，根据期间核查内容可以采用不同的记录方式。

(1) 核查记录在检测原始记录上：对于每次检测都要进行的期间核查，记录应简单化。

(2) 核查记录在仪器设备维护记录上：适合于较频繁的期间核查，记录较简单，如天平的校准核查。

(3) 采用专门的核查记录：对于比较复杂的期间核查，可编制相应的记录表格。

(七) 期间核查结果的判定

实验室仪器设备期间核查依据标准方法要求、技术规定要求、检定规程和核查实施细则等，对核查结果进行判定。若在实施期间核查过程中，发现被核查检测设备技术状态异常，应进行分析、查找原因，可更换核查方法，必要时应提前进行检定或校准。仪器期间核查的 9 种方法及结果判断如下。

1. 传递测量法

当对计量标准进行核查时，如果实验室内具备高一等级的计量标准，则可方便地用其对被核查计量标准的功能和范围进行检查，当结果表明被核查的相关特性符合其技术指标时，可认为核查通过。

当对其他测量设备进行核查时，如果实验室具备更高准确度等级的同类测量设备或可以测量同类参数的设备，当这类设备的测量不确定度不超过被核查设备不确定度的 1/3 时，则可以用其对被核查设备进行检查，当结果表明被核查的相关特性符合其技术指标时，认为核查通过。当测量设备属于标准信号源时，也可以采用此方法。

2. 多台 (套) 设备比对法

当实验室没有高一等级的计量标准或其他测量设备，但具有多台 (套) 同类的具有相同准确度等级的计量标准或测量设备时，可以采用这一方法。

首先用被核查的测量设备对核查标准进行测量，得到的测量值为 y_1。然后用其他几台设备分别对核查标准进行测量，得到的测量值分别为 y_2、$y_3 \cdots y_n$，计算 y_1、y_2、$y_3 \cdots y_n$ 的平均值为 $\overline{y} = \dfrac{1}{n}(y_1 + y_2 + \cdots + y_n)$，则当 $\mid y_i - \overline{y} \mid \leqslant \sqrt{\dfrac{n+1}{n}} U$ 时，认为核查结果满意，式中 U 为用被核查设备对核查标准进行测量时的扩展不确定度。

3. 两台 (套) 设备比对法

当实验室只有两台 (套) 同类测量设备时，可用它们对核查标准进行测量，得到的

测量值分别为 y_1、y_2。假如它们的测量不确定度分别为 U_1、U_2,则当满足:

$$| y_2 - y_1 | \leqslant \sqrt{U_2^2 + U_1^2}$$

若满足上式则认为核查结果满意。若这两台(套)设备能溯源到同一计量标准,它们之间具有相关性,在评定不确定度时应予以考虑。

4. 标准物质法

当实验室具有被核查设备的标准物质时,可用标准物质作为核查标准。若用标准物质检查被核查设备的参数,得到的测量值为 y,判别准则为:

$$\left| \frac{y - Y}{X} \right| \leqslant 1$$

式中:y——测量值;Y——标准物质标准值;X——被核查设备的最大允许误差。

用于期间核查的标准物质应能溯源至 SI,或是在有效期内的有证标准物质。当无标准物质时,可用已经过定值的标准溶液对测量设备进行核查。如 pH 计、离子计、电导仪等都可用定值的标准溶液进行核查。

5. 留样再测法

当测量设备经检定或校准得到其性能数据后,立即用其对核查标准进行测量,将得到的测量值 y_1 作为参考值。这时的核查标准可以是测量设备,也可以是实物样品。然后在规定条件下保存好该核查标准,并尽可能不作他用。在规定或计划的核查频次上,用测量设备分别对该核查标准进行测量,得到测量值 y_2、y_3…y_n。判别准则为:

$$| y_2 - y_1 | \leqslant \sqrt{2}U \cdots | y_3 - y_1 | \leqslant \sqrt{2}U \cdots | y_n - y_1 | \leqslant \sqrt{2}U$$

式中:U——扣除由系统效应引起的标准不确定度分量后的扩展不确定度。

6. 实物样件检查法

某些测量设备是用于测量限定值的,当测量值超过限定值时即自动报警。对于这类设备可用本方法进行期间核查。

首先根据被核查设备的工作原理以及被核查参数的性质,设计、制作或购买相应的实物样件。然后设定该参数的限定值,将实物样件施加于测量设备上,操作设备并调节到规定的输出量,观察测量设备是否具有相应的响应。

7. 直接测量法

当测量设备属于标准信号源时,若实验室具备计量标准,可直接用传递测量法;若不具备计量标准,则可使用本方法。

首先确定需要核查的功能以及测量点,然后选取具有相应功能的测量设备作为核查标准,在相应测量点上对核查标准的性能进行校准,得到相应的修正值,再用核查标准来测量被核查设备的性能,对核查结果进行修正后,观察是否符合其相应的技术要求。

8. 实验室间比对法

当确定被核查设备所在实验室为比对的主导实验室时,按两台(套)设备比对法进行判别;当没有确定的主导实验室时,按多台(套)设备比对法进行判别。当参加比对的实验室的测量设备均溯源到同一校准实验室的同一计量标准时,在评定不确定度时应考虑相关性的影响。

9. 方法比对法

可以采用不同的方法对测量设备进行核查。当利用同一台被核查测量设备对核查标准进行测量时,核查结果的判别可按留样再测法进行。若两种方法的两次测量是在不同测量设备上进行的,可按两台(套)设备比对法进行判别。

第二节　常规仪器期间核查规程

一、电子天平期间核查规程

(一) 期间核查的目的

检查电子天平的稳定性,确认仪器的可靠性,使其保持良好的运行状态,从而保证本实验室所得到的测量结果准确可靠。

(二) 期间核查的条件

1. 环境条件

核查温度为(20±5) ℃,相对湿度为 50%～80%。

2. 核查设备

选择一个 F_2 级砝码,其值大约是仪器自带的校准砝码标称值的 1/2,作为核查参考物质(例如,仪器自带的校准砝码为 200 g,则核查砝码大约为 100 g)。此砝码为核查专用砝码,应妥善保存,一般不作他用。

(三) 期间核查的频率

仪器频繁使用时,每季度核查一次;仪器使用不频繁时,可适当减少核查的频次。

(四) 核查项目和核查方法

本仪器的核查项目主要是仪器的示值误差,核查采用的方法为“留样再测法”,即选用稳定性好、灵敏度高的样品在不同时期进行多次重复测量,并采用统计技术对每次测量结果进行评估。

仪器开机稳定后,用仪器自带的校准砝码校准仪器,然后用上文所述的核查砝码进行核查,读取核查砝码的示值,即为 x_1,在仪器使用一段时间后,采用上述方法测量可得到 x_2。

（五）核查参考技术指标

根据下式得到 E_n 值，并根据 E_n 值对仪器进行评估。

$$E_n = \left| \frac{x_2 - x_1}{\sqrt{2}U_{lab}} \right|$$

式中：U_{lab}——电子天平的最大示值误差转换得到的测量不确定度，一般Ⅱ级电子天平（1/10000）的最大允许误差为 1.5 mg，得到 $U_{lab} = 1.5\ \mathrm{mg}/\sqrt{3} = 0.87\ \mathrm{mg}$。

（六）结果判断方法

当 E_n 值为 0～0.7 时，仪器可正常使用；当 E_n 值为 0.7～1.0 时，应注意检查仪器，并增加核查的频次。当 E_n 值大于 1.0 时，仪器应停止使用，进行检查、修理或送计量检定机构校准。

二、移液器期间核查规程

（一）目的

检查和判定移液器是否处于正常工作状态，确保移液结果的准确性。

（二）核查周期

（1）固定核查周期：外校后第 7 个月。

（2）非固定核查周期：当仪器位置发生改变、重大维修、更换，从而影响到仪器性能的零部件或质疑仪器检测结果时，需要在仪器使用前增加期间核查环节。

（三）检测依据

检测依据：JJG 646—2006《移液器检定规程》。

（四）环境条件

（1）电源：（220 ± 22）V，（50 ± 1）Hz。

（2）室温：15～25 ℃。

（3）环境相对湿度：不大于 80%。

（4）室内不得存放与实验无关的易燃、易爆和强腐蚀性的物质，无强烈的机械振动和电磁干扰。

（5）电子天平置于稳定、平坦、无振动的台面上，调节前方两个水平螺丝，使水平泡处于正中水平位置。

（五）主要仪器设备

电子天平、移液器（外校合格）。

（六）期间核查项目及要求

1. 移液器的外观

（1）移液器塑料件外壳表面应光滑、平整。不得有明显的缩痕、废边、裂纹、气泡和变形等现象;金属件表面镀层应无脱落、腐蚀和起层。

(2)移液器主体应有以下标记:制造厂名称或标签、产品名称、型号、出厂编号、标称容量(μL 或 mL)。

(3)移液器活塞上下应灵活,分挡界限明显;数字指示清晰、完整。

移液器吸嘴不得有弯曲现象。内壁应光洁、平滑,排液后不得有残留液体存在。

2. 移液器的容量Ⅱ级和重复性

(1)准备超纯水、电子天平(如果校正 0.5～2.5 μL 量程的,至少要Ⅰ级电子天平)、温湿度计、恒温室,还需准备一个小口容器,防止水分挥发。

(2)按移液器总量程的 100%、50%、10%分别实施下面步骤。吸嘴要反复吸取超纯水三次后,再吸取固定容积的超纯水,推入放置在电子天平上的小口容器中,待数据稳定后读取电子天平数值,同时记录温度。重复 10 次。

(3)将测量的数据用公式计算获得对应温度下的体积,取平均值,计算相对误差(表 3-2)。

表 3-2　在标准温度 20 ℃时,移液器的容量允许偏差和测量重复性要求

标称容量/μL	检定点/μL	容量允许误差±(%)	测量重复性要求≤(%)
	20	4.0	2.0
200	100	2.0	1.0
	200	1.5	1.0
	100	2.0	1.0
1000	500	1.0	0.5
	1000	1.0	0.5
	250	1.5	1.0
2500	1250	1.0	0.5
	2500	0.5	0.2
	500	1.0	0.5
5000	2500	0.5	0.2
	5000	0.6	0.2
	1000	1.0	0.5
10000	5000	0.6	0.2
	10000	0.6	0.2

（七）符合情况处理

根据附表的要求，发现有不合格项目时，分析判断原因，按设备管理程序进行相应的维护或维修后，再次做期间核查，直至核查合格。若仪器维护或维修后核查结果仍不能合格，则按设备管理程序做出暂停使用等故障处置意见。

（八）核查结果报告

将期间核查原始记录及结果记录在期间核查记录表中，提交技术负责人审核。

三、玻璃器皿的期间核查规程

（一）目的

使实验室的玻璃器皿能正常使用，在两次检定/校准之间，进行期间核查，确保其测量结果的准确性和有效性。

（二）适用范围

适用于本实验室所用的带刻度玻璃器皿的期间核查。

（三）检查项目

玻璃器皿的外观、密合性、流出时间、容量示值。

（四）检查依据

按国家计量检定规程 JJG 20—2001《标准玻璃量器检定规程》、JJG 196—2006《常用玻璃量器检定规程》中的要求进行编制。

（五）检定器具

（1）电子天平：测量范围 200 g，分度值 0.1 mg；测量范围 2000 g，分度值 0.01 g。

（2）精密温度计：测量范围 10～30 ℃，分度值 0.1 ℃。

（3）秒表：分辨率 0.1 s。

（4）附件：放大镜、有盖的称量杯等。

（六）检查方法

1. 外观

（1）采用目视或放大镜观察，玻璃器皿的外观缺陷应不影响计量和液面的观察（如有气泡、气线、结石、节瘤等缺陷），其他玻璃器皿应不具有影响使用的缺陷。

分度线与量的数值应清晰、完整、耐久。

（2）玻璃量器应具有下列标记：厂名或商标、标准温度（20 ℃）；形式标记：量入式用"In"，量出式用"Ex"；吹出式用"吹"或"Blow out"；等待时间：＋××s；标称总容量与单位：××mL；准确度等级：A 或 B。有准确度等级而未标注的玻璃量器，按 B 级处理；用硼硅玻璃制成的玻璃器皿，应标"Bsi"字样；非标准的口与活塞，活塞和外套,必须有相同的配套号码;无塞滴定管的流液口与管下部应标有同号。

(3) 量杯、量筒和量瓶放置在平台上时,不应摇动。空量杯、空量筒(不带塞)和大于 25 mL(包括 25 mL)的空量瓶(不带塞)放置在与水平面成 15°角的斜面上时,不应倾倒;小于 25 mL 的空量瓶(不带塞),放置在与水平面成 10°角的斜面上时,不应倾倒。

2. 密合性

(1) 滴定管玻璃活塞的密合性要求:当水注至最高标线时,活塞在关闭的情况下停留 20 min 后,渗漏量应不大于最小分度值。

(2) 滴定管塑料活塞的密合性要求:当水注至最高标线时,活塞在关闭的情况下停留 50 min 后,渗漏量应不大于最小分度值。

(3) 具塞量筒、量瓶的口与活塞之间的密合性要求:当水注至最高标线时,活塞盖紧后颠倒 10 次。每次颠倒时,在倒置状态下至少停留 10 s,不应有水渗出。

3. 流出时间

(1) 滴定管:将滴定管垂直夹在检定架上,活塞芯涂上一层薄而均匀的油脂,不应有水渗出。注水至最高标线,流液口不应接触接水器壁。将活塞完全开启并计时(对于无塞滴定管应用力挤压玻璃小球),使水充分地从流液口流出,液面降至最低标线的流出时间应符合 JJG 196—2006 中表 3 的规定。

(2) 单标线吸量管和分度吸量管:注水至最高标线以上约 5 mm 处,然后将液面调至最高标线处,将吸量管垂直放置,并将流液口轻靠接水器壁,此时接水器倾斜约 30°角,在保持不动的情况下流出并计时。以水流至口端时不流为止,其流出时间应符合 JJG 196—2006 中表 4 和表 5 的规定。

4. 容量示值(衡量法)

容量检定前须对玻璃器皿进行清洗,清洗的方法:用重铬酸钾的饱和溶液和浓硫酸的混合液(调配比例为 1∶1)或 20% 发烟硫酸进行清洗。然后用水冲净,器壁上不应有挂水等沾污现象,使液面与器壁接触处形成正常弯月面。清洗干净的被检器皿须在检定前 4 h 放入实验室。

取一只容量大于被检玻璃量器的洁净有盖称量杯,称得空杯质量。将被检玻璃量器内的纯水放入称量杯后,称得纯水质量。调整被检玻璃量器液面的同时,应检测所用纯水的温度,读数应准确至 0.1 ℃。按式(3-1)计算被检玻璃量器在标准温度 20 ℃时的实际容量:

$$V_{20} = m \cdot K(t) \tag{3-1}$$

$$其中: K(t) = \frac{\rho_B - \rho_A}{\rho_B(\rho_w - \rho_A)}[1 + \beta(20 - t)]$$

$K(t)$ 值参见 JJG 196—2006 附录 B。根据测定的质量值(m)和测定水温所对应的 $K(t)$ 值,即可由式(1)求出被检玻璃量器在 20 ℃时的实际容量。

（七）各种被检玻璃器皿的具体操作

1. 滴定管

（1）将清洗干净的被检滴定管垂直稳定地安装到检定架上，注水至最高标线以上约 5 mm 处。缓慢地将液面调整到零刻度，同时排出流液口中的空气，移去流液口的最后一滴水珠。

（2）取一只容量大于被检滴定管的带盖称量杯，称得空杯质量。完全开启活塞（无塞滴定管用力挤压玻璃小球），使水充分地从流液口流出。

（3）当液面降至被检分度线以上约 5 mm 处时，等待 30 s，然后 10 s 内将液面调至被检分度线上，随即用称量杯，移去流液口的最后一滴水珠。

（4）将被检滴定管内的纯水放入称量杯后，称得纯水质量（m）。

在调整被检滴定管液面的同时，应同时测量检定所用的纯水的温度，读数应准确到 0.1 ℃。按式（3-1）计算被检滴定管在标准温度 20 ℃时的实际容量。

2. 单标线吸量管和分度吸量管

（1）将清洗干净的吸量管垂直放置，充水至最高标线以上约 5 mm 处，擦去吸量管流液口外面的水。缓慢地将液面调整到被检分度线上，移去流液口的最后一滴水珠。

（2）取一只容量大于被检吸量管的带盖称量杯，称得空杯质量。

（3）将流液口与称量杯内壁接触，称量杯倾斜 30°角，使水充分流入称量杯中。对于流出式吸量管，当水流至流液口口端不流时，等待约 3 s，随即用称量杯移去流液口的最后一滴水珠（口端保留残留液）。对于吹出式吸量管，当水流至流液口口端不流时，随即将流液口残留液排出。

（4）将被检吸量管内的纯水放入称量杯后，称得纯水质量（m）。

在调整被检滴定管液面的同时，应同时测量检定所用的纯水的温度，读数应准确到 0.1 ℃。

（5）计算被检滴定管在标准温度 20 ℃时的实际容量。

3. 量筒、量杯和容量瓶

（1）对清洗干净并经干燥处理过的被检量筒、量杯或容量瓶进行称量，称得空量筒、量杯或容量瓶的质量。

（2）注入纯水至被检量筒、量杯或容量瓶的检定点处，称得纯水质量（m）。

（3）将温度计插入被检量筒、量杯或容量瓶中，测量纯水的温度，读数应准确到 0.1 ℃。

（4）计算量筒、量杯或容量瓶在 20 ℃时的实际容量。

（八）评定

各种玻璃器皿的容量允差见表 3-3。

表 3-3　玻璃器皿容量允差表

名称	标称容量/mL	A级容量允差/mL	名称	标称容量/mL	A级容量允差/mL
容量瓶	5	±0.02	量筒	5	±0.05
	10	±0.02		10	±0.10
	50	±0.05		50	±0.25
	100	±0.10		100	±0.5
	250	±0.15		250	±1.0
	500	±0.25		500	±2.5
单标线吸量管	2	±0.01	分度吸量管（吹出式）	0.2	±0.003
	5	±0.15		0.5	±0.005
	10	±0.02		1	±0.008
	20	±0.03		2	±0.012
	25	±0.03		5	±0.025
	50	±0.05		10	±0.05

（九）核查周期

在玻璃仪器两次检定之间,建议每隔六个月核查一次。

四、pH 计期间核查规程

（一）目的

规定 pH 计的期间核查方法,保证其运行正常及日常检验结果准确。

（二）适用范围

适用于本单位的 pH 计在使用中或修理后的期间核查。

（三）依据

国家计量检定规程 JJG 119—2005《实验室 pH（酸度）计检定规程》;pH 计使用说明书。

（四）责任范围

(1) 仪器负责人制订或修订此文件。

(2) 实验室经培训合格的人员负责按本方法对规定仪器进行期间核查。

（五）内容

1. 环境条件

(1) 环境温度:13～33 ℃。

(2) 相对湿度:不大于 85%。

(3) 标准溶液和电极系统的温度恒定性:±0.2 ℃。

2. **标准溶液**

(1) 标准溶液 1:25 ℃饱和酒石酸氢钾溶液:在磨口玻璃瓶中装入蒸馏水和过量的酒石酸氢钾(分析纯)粉末(7 g/L),温度控制在(25±3) ℃,剧烈摇动 20~30 min,溶液澄清后,用倾泻法取清液备用。

(2) 标准溶液 2:0.05 mol/L 邻苯二甲酸氢钾溶液:称取在(115±5) ℃下烘干 2~3 h 的邻苯二甲酸氢钾(分析纯)10.12 g,溶于蒸馏水中,于 25 ℃下在容量瓶中稀释至 1 L。

(3) 标准溶液 3:0.025 mol/L 磷酸氢二钠和 0.025 mol/kg 磷酸二氢钾混合溶液:分别称取预先在(115±5) ℃下烘干 2~3 h 的磷酸氢二钠(分析纯)3.533 g 和磷酸二氢钾(分析纯)3.387 g,溶于蒸馏水,于 25 ℃下在容量瓶中稀释至 1 L(如用0.02级以上的仪器,配制溶液用蒸馏水应预先煮沸 15~30 min,以去除溶解的二氧化碳;如购买的标准溶液为配制好的一定浓度的溶液,按照购买说明书方法定容即可使用)。

3. **核查项目**

外观、仪器示值重复性、仪器示值误差等 3 项。

4. **性能要求**

(1) 仪器示值重复性(pH)≤0.01。

(2) 仪器示值误差(pH)≤±0.02。

(3) 外观。

①仪器外表应光洁平整,色泽均匀。仪器各功能键应能正常工作,各紧固件无松动,显示应清晰完整。

②仪器铭牌应标明其制造厂名、商标、名称、型号、规格、出厂编号以及出厂日期,铭牌应清晰。

(4) 玻璃电极应无裂纹、爆裂现象,电极插头应清洁、干燥。

(5) 参比电极应充满溶液,液接界无吸附杂质,电解质溶液能正常渗漏。

5. **核查方法**

(1) 外观、玻璃电极、参比电极核查。

通过目视、手感方法检查。

(2) 仪器示值误差核查用上述 2.中的任意两种标准溶液校准仪器,测量另外一种标准溶液。重复操作 3 次,取平均值作为仪器示值 $pH_{仪器}$,此示值与该溶液在测定温度下的标准值之差为仪器的示值误差 $\Delta pH_{仪器}$。

$$\Delta pH_{仪器} = pH_{仪器} - pH_{标准}$$

(3) 仪器示值重复性核查。

仪器用其中两种标准溶液校准后,测量另一种标准溶液,重复"校准"和"测量"操作 6 次,以单次测量的标准偏差表示重复性。

$$S = \sqrt{\frac{\sum (pH - pH_i)^2}{5}}$$

式中:S——单次测量的标准偏差;pH$_i$——第 i 次测量的仪器示值;pH——6 次测量 pH 的平均值。

6. 核查频率

pH 计正常核查频率为两次检定间隔时间内核查一次。

(六) 填写期间核查记录

三种标准溶液在不同温度下对应的 pH 如表 3-4 所示。

表 3-4　三种标准溶液在不同温度下对应的 pH

温度/℃	标准溶液 1	标准溶液 2	标准溶液 3
5	4.00	6.95	9.39
10	4.00	6.92	9.33
15	4.00	6.90	9.28
20	4.00	6.88	9.23
25	4.00	6.86	9.18
30	4.01	6.85	9.14
35	4.02	6.84	9.11
40	4.03	6.84	9.07

五、电热恒温鼓风干燥箱期间核查规程

(一) 目的

使仪器在两次校准、检定期间,保持校准、检定状态的可信度,保持测量数据的准确可靠。

(二) 范围

适用于本公司所有电热恒温鼓风干燥箱的期间核查。

(三) 核查内容

温度偏差、温度均匀度、温度波动度。

(四) 核查环境条件

温度≤40 ℃,湿度≤85%。

(五) 核查准备

(1) 干燥箱各功能键、调节旋钮应能正常调节,各功能指示灯显示正常。

（2）开启鼓风机开关,鼓风机转动,无异常噪声。

温度计应检定计量合格,分度值为 0.1 ℃。

（六）核查方法

（1）核查温度点的选择。

核查温度点一般选择在设备中层的四个角落和中心点(共 5 个点),测试点与内壁的距离不小于各边长的 1/10。中心点为仪器的几何中心。

（2）将已检定合格的温度计分别放置在测试点上,将恒温设备的温度设定为核查值。

（3）待温度稳定后,开始记录温度计的温度,连续测量 6 次。

（4）计算公式。

温度偏差: $$\Delta x_d = x_d - x_0$$

式中:Δx_d——温度偏差,℃;x_d——设备显示的温度值,℃;x_0——中层测试 6 次的平均值,℃。

温度均匀度:
$$\Delta x_u = \frac{\sum_{i=1}^{n}(x_{i\max} - x_{i\min})}{n}$$

式中:Δx_u——温度均匀度,℃;$x_{i\max}$——各测试点第 i 次测得的最高温度,℃;$x_{i\min}$——各测试点第 i 次测得的最低温度,℃;n——测定次数。

温度波动度: $$\Delta x_f = \pm(x_{\max} - x_{\min})/2$$

式中:Δx_f——温度波动度,℃;$x_{\max}$——中心点 n 次测量的最高温度;$x_{\min}$——中心点 n 次测量的最低温度。

（七）结果评定

温度偏差:±2 ℃　　温度均匀度:2 ℃　　温度波动度:±1 ℃

第三节　大型仪器期间核查规程

一、756PC 紫外-可见分光光度计期间核查规程

（一）目的

检查紫外-可见分光光度计的稳定性,确认仪器的可靠性,使其保持良好的运行状态,从而保证本实验所得到的测量结果准确可靠。

（二）适用范围

适用于 756PC 紫外-可见分光光度计的自检和检查。

（三）核查依据

（1）国家计量检定规程 JJG 178—2007《紫外、可见、近红外分光光度计检定规程》。

（2）本仪器说明书和软件使用说明。

（四）核查规程

1. 通用技术标准

（1）仪器应有下列标示：仪器名称、型号、编号、制造厂名、出厂日期、工作电压、频率、制造生产计量器具许可证标志及编号。

（2）外观要求：仪器各紧固件均应紧固良好，调节旋钮、按键和开关均能正常工作，数字显示清晰完整。

（3）吸收池无裂纹，透光面清洁，无划痕和斑点。

2. 预热仪器

按说明书对设备通电预热 30 min，使仪器处于正常运行状态。

3. 噪声

（1）根据仪器的工作波段范围（190～1100 nm）选取 250 nm、500 nm 作为噪声的测量波长。

（2）仪器初始化结束预热 30 min 后，选择光度测量方式为透射比，调节仪器透射比为 100%，在 250 nm 波长处记录 2 min 内透光率的最大值和最小值，切换至 500 nm 处，稳定 5 min 后记录 2 min 内透光率的最大值和最小值，即得到仪器透射比为 100% 时的噪声。

（3）在光路中插入黑挡块，调节仪器透射比为 0%，同以上操作，在 250 nm 和 500 nm 两个波长处记录 2 min 内透光率的最大值和最小值，即得到仪器透射比为 0% 时的噪声。

4. 透射比示值误差和重复性

（1）配制质量分数为 6×10^{-5} 的重铬酸钾的 0.001 mol/L 高氯酸标准溶液。

（2）移取 3.00 mL 优级纯高氯酸于 50 mL 容量瓶中，用超纯水稀释至刻度线，得到 1.0 mol/L 的高氯酸溶液；称取于 110 ℃干燥 2 h 的重铬酸钾（$K_2Cr_2O_7$）0.0600 g。

（3）移入 1000 mL 容量瓶中，用纯水溶解，加入 1 mL 1.0 mol/L 的高氯酸溶液，再用纯水稀释至刻度线，摇匀避光密封保存。

（4）用标准吸收池，分别在 235 nm、257 nm、313 nm 和 350 nm 处测量标准物质的透射比各三次。计算透射比示值误差：

$$\Delta T = \overline{T} - T_s$$

式中：$\overline{T}$——3 次测量的平均值；T_s——透射比标准值（查 JJG 178—2007 附录 B）。

（5）计算透射比重复性：

$$\Delta T = T_{max} - T_{min}$$

式中：T_{max}，T_{min}——3 次测量透射比的最大值与最小值。

（五）评定要求

1. 仪器噪声要求

透射比为 0％时的噪声	透射比为 100％时的噪声
≤0.05％	≤0.1％

2. 透射比最大允许误差

波长	235 nm、257 nm、313 nm	350 nm
最大允许误差	±1.0％	±1.0％

3. 透射比重复性

波长	235 nm、257 nm、313 nm	350 nm
重复性	≤0.1％	≤0.1％

（六）结果评定

依据 JJG 178—2007《紫外、可见、红外分光光度计检定规程》有关要求，以核查结果中的最低级别注明仪器级别，同时参考当期检定合格证书指标，有一项指标不符合要求即判为不合格。在期间核查过程中若发现仪器工作不正常或评定指标未能达到规定要求，应及时通知设备管理员，由设备管理员组织有关人员确定，并组织维修或送检，维修后的仪器经检定或核查达到技术性能要求后方能投入使用。

（七）期间核查周期

期间核查周期为半年，时间安排在紫外-可见分光光度计年度检定周期中间进行。

二、原子吸收分光光度计期间核查规程

（一）目的

使仪器在两次校准的有效期内，关键仪器的关键量值维持良好的置信度。

（二）范围

（1）适用于对化学分析室原子吸收分光光度计的期间核查。

（2）仅适用于具有光谱分析及实验室工作经验的人员。

（三）权责

（1）分析工程师须按照指导书进行作业，分析室技术负责人有监管职责。

（2）质量负责人审核期间核查结果并负责组织处理核查发现的不合格项目。

(四) 期间核查条件

1. 环境条件

(1) 仪器应安放在无剧烈振动、无腐蚀性气体、通风良好的实验室内,附近应无强电磁场干扰,仪器上方应有排风系统。室温应为 5～35 ℃,相对湿度不大于 80%,仪器供电电压为 (220±20) V,频率为 (50±1) Hz。

2. 核查设备

(1) 空心阴极灯:铜、锰等,其起辉性能及稳定性等经检查合格。

(2) 使用有证标准物质配制铜标准溶液:用 0.5 mol/L HNO₃ 配制成浓度为 0.50 $\mu g/mL$、1.00 $\mu g/mL$、3.00 $\mu g/mL$、5.00 $\mu g/mL$ 的铜标准溶液,不确定度为 1%。

(3) 秒表:最小分度为 1 s。

(4) 量筒:容量为 10 mL,最小分度为 0.2 mL。

(5) 去离子水:电导率不大于 0.1 $\mu s/cm$。

(五) 期间核查内容

1. 外观检查与初步检查

(1) 仪器标志、设备状态标志应齐全。

(2) 仪器及附件的所有紧固件均应紧固良好;连接件应连接良好;运动部位运动灵活、平稳;气路系统应可靠密封,无泄漏。

(3) 仪器的各旋钮及功能键应能正常工作。

2. 分辨率测定

点亮锰灯,待其稳定后,光谱带宽为 0.2 nm,调节光电倍增管高压,使 279.5 nm 谱线的能量为 100%,然后扫描测量锰双线,此时应能明显分辨出 279.5 nm 和 279.8 nm 两条谱线,且两线间峰谷能量应不超过 40%。

3. 火焰原子化法测铜的检出限 (DL($K=3$))

(1) 将仪器各参数调整至最佳状态,用空白溶液调零,分别对铜标准溶液进行三次重复测定,取平均值后,建立标准曲线和一次方程:$ABS=K_0+K_1C$,其中 K_1 即为仪器测定铜的灵敏度 (S) $S=dA/dC$。

(2) 在相同的条件下,将标尺扩展 10 倍,对空白溶液(或浓度三倍于检出限的溶液)进行 11 次吸光度的测量,并求出其标准偏差(SD)。

(3) 按下式计算仪器测铜的检出限:DL($K=3$) = 3 SD/S($\mu g/mL$)。

4. 火焰原子化法测铜的精密度

在进行第 3 条测定时,选择系列标准溶液中的某一溶液,使吸光度为 0.1～0.3,进行 7 次测定,求出其相对标准偏差(RSD),即为仪器测铜的精密度。

5. 样品溶液的吸喷量 (F) 和表观雾化率 (ε) 检定

(1) 将仪器各参数调整至最佳状态,在 10 mL 量筒内注入去离子水至最上端刻线处,将毛细管插入量筒底部,同时启动秒表,测量 1 min 内量筒中水减少的体积,即为吸喷量(F)。

(2)将进样毛细管移出水面,待废液管出口处再无废液排出后,将它接到 10 mL 量筒(量筒 1)内(注意:保持一段水封)。在另一量筒(量筒 2)内注入 10 mL 水,将毛细管插入水中,直至 10 mL 水全部吸喷完毕,待废液管中再无废液排出后,测量排出的废液体积 V(mL),并计算表观雾化率(ε):$\varepsilon=(10-V)/10\times100\%$。

(六)期间核查结果的判定

(1)仪器外观与初步检查:应符合 5.1 条规定。

(2)分辨率:仪器光谱带宽为 0.2 nm 时,应可分辨锰 279.5 nm 和 279.8 nm 两条谱线。

(3)火焰原子化法测定铜的检出限(CL($K=3$))和相对标准偏差(RSD):新制造仪器检出限和相对标准偏差应分别不大于 0.008 μg/mL 和 1%;使用中和修理后的仪器检出限和相对标准偏差应分别不大于 0.02 μg/mL 和 1.5%。

(4)样品溶液吸喷量和表观雾化率吸喷量应不小于 3 mL/min;雾化率应不小于 8%。

(七)结果的处理

(1)仪器核查结果符合 6 条中各项要求为正常,允许继续使用。

(2)仪器核查结果任何 1 项不符合 6 条要求为不正常,不正常设备需停止使用,经修复后再次核查正常或鉴定合格后使用。

三、原子荧光光度计期间核查规程

(一)目的

在仪器两次检定之间,进行期间核查,验证仪器是否保持校准时的状态,确保检验结果的准确性和有效性。

(二)核查项目

标准曲线相关系数、相对标准偏差(RSD)、检出限(DL)。

(三)使用的标准物质(核查标准)

砷标准溶液(1000 μg/mL)。

(四)核查依据

JJG 939—2009《原子荧光光度计检定规程》。

(五)核查方法

(1)测定条件:室温 20~25 ℃,相对湿度 70%~85%。

(2)外观:要求仪器清洁、完整,没有影响仪器正常使用的缺陷。

(3)标准曲线:取砷标准溶液,配制标准系列,浓度分别为 0,1.0 ng/mL,2.0

ng/mL,4.0 ng/mL,8.0 ng/mL,10.0 ng/mL。依次进样测定后绘出标准曲线。

（4）检出限（DL）、相对标准偏差（RSD）：调试仪器处于最佳工作状态，待仪器稳定后，相同的条件连续测量空白溶液 11 次、连续测量 10 个标准溶液浓度 11 次，仪器自动进行统计测量，并用上述系列溶液的标准曲线，自动计算出仪器的相对标准偏差（RSD），检出限（DL）。RSD≤2%，DL≤3 ng/mL，仪器合格。

（六）结果处理

填写"仪器设备期间核查记录"。如果该仪器已经偏离校准状态，应查找原因，并采取维修、重新检定或停用、报废等相应措施，维修后的仪器经检定或核查达到技术性能要求后方能投入使用。

（七）核查周期

在仪器两次检定之间，一般每隔六个月核查一次。如仪器有搬动、维修或测量结果有疑问时应进行核查。

四、海能全自动旋光仪期间核查规程

（一）目的

在仪器两次检定之间，进行期间核查，验证仪器是否保持校准时的状态，确保检验结果的准确性和有效性。

（二）检查项目和主要技术要求

检查项目和主要技术要求见表 3-5。

表 3-5　检查项目与主要技术要求表

项目	仪器级别		
	0.01	0.02	0.03
最小读数范围	0.001	0.002	0.003
测量范围	≥±45°	≥±45°	≥±45°
准确度	±0.01	±0.02	±0.03
重复性	≤0.005	≤0.01	≤0.015
稳定性	±0.01	±0.02	±0.03

测试管长度误差：在 20 ℃时用游标卡尺（精度为 0.002 mm）进行检定，在两端面上分三点测量，其平均值与标准长度之间的相对误差：$\Delta L/L \leq 0.01\%$。

（三）检定条件

（1）环境温度（20±1）℃，电源电压应符合要求。

（2）样品的温度应设法调至规定的温度。

（3）标准旋光管。

（4）蔗糖：分析纯。

（四）检查方法

（1）仪器的预热。

仪器按使用说明开启后，点燃光源，预热 30 min，光源灯起辉和发光应正常，光源能量应足够并无闪烁现象。如为目视仪器，在调焦后，视场分界线应清晰，亮度应一致。

（2）测定。

待仪器稳定并调好零点后，将标准旋光管放入样品室内，正确定位。盖上室盖，等待 15 min 后，记录读数。移开标准旋光管，重新调零点后放入标准旋光管等待 2 min，记录读数，如此反复测量 3 次。

（3）取 105 ℃干燥至恒重的蔗糖，精密称定，加水溶解并稀释成每毫升中约含 0.2 g 的溶液，如上法测定，计算比旋度。蔗糖的比旋度如表 3-6 所示。

表 3-6　蔗糖的比旋度

温度/℃	15	20	25	30
比旋度/(°)	+66.68	+66.60	+66.53	+66.45

比旋度计算公式：

$$[\alpha]_{t\,℃} = 100\alpha/lc$$

式中：$[\alpha]_{t\,℃}$——测量温度下标准旋光管的比旋度；l——测定用标准旋光管的长度，dm；c——每 100 mL 溶液中含有被测物质的重量，g（按干燥品或无水物质计算）；α——测得的旋光度。

（五）检定结果处理和检定周期

（1）根据上述测试结果和标准旋光管的标准值或蔗糖的比旋度，计算仪器的重复性和准确度。如果测量时标准旋光管温度偏离 20 ℃，可按下式求该温度下的旋光度：

$$\alpha_{t\,℃} = \alpha_{20\,℃}[1 + 0.000144(t-20)]$$

式中：$\alpha_{t\,℃}$——在测量温度下标准旋光管的旋光度；$\alpha_{20\,℃}$——20 ℃时标准旋光管的旋光度；t——测量时标准旋光管的温度。

将计算结果与第 3 点条件下的参数比较，决定仪器等级后，方可使用。如果仪器性能下降，但又符合下一等级的性能指标，仪器可降级使用。

（2）仪器检定周期为 1 年，在此期间，当发现异常或对测量结果有怀疑时，应随时进行自检。

（六）相关记录

填写自动旋光仪期间核查记录。

五、7890A 型气相色谱仪期间核查规程

（一）目的

本规程规定了 7890A 型气相色谱仪的期间核查方法，使仪器的期间核查能按规范的方法正确进行。

（二）适用范围

适用于本中心使用中的和修理后的 7890A 型气相色谱仪的期间核查。

（三）职责

（1）操作人员应严格按照本期间核查方法，按期对仪器进行期间核查，并做好期间核查记录，出具期间核查结果。

（2）复核人员复核期间核查结果。

（3）技术质量负责人审核期间核查结果。

（四）概述

气相色谱仪可分析检测混合气体中各组成成分，具有分析灵敏度高、稳定、快速准确、样品用量少等特点，广泛应用于水质检测中定性、定量分析。

（五）期间核查技术要求

（1）仪器应有下列标志：名称、型号、制造厂名、出厂日期、系列号或编号等，仪器各种功能按钮的标志应清晰。

（2）仪器要成套完整。

（3）仪器各种调节旋钮、按键、开关及其相应的指示灯等能正常工作，无松动。

（4）电源线、信号电缆等插头插座应紧密配合。

（5）仪器气路连接坚固，无泄漏。

（六）期间核查条件

1. 仪器环境条件

（1）电源电压：(220 ± 20) V，频率(50 ± 1) Hz。

（2）温度：$15\sim35$ ℃。

（3）相对湿度：$45\%\sim80\%$。

（4）室内无强腐蚀性气体，无强烈的机械振动和电磁干扰。

2. 仪器安装要求

（1）仪器应平稳而牢固地安装在工作台上，无机械振动。

（2）电缆线的接插件应紧密配合，接地良好。

（3）仪器必须安装地线。

3. 检定设备

容量瓶、移液枪等。

(七) 期间核查项目和期间核查方法

1. 一般核查

仪器外观及各按钮正常。

2. 仪器性能核查

(1) 仪器准备。

打开气源,安装色谱柱,确保色谱柱接头无泄漏,打开计算机进入 Windows 操作环境,打开气相主机,待仪器自检完毕后,进入 7890A 工作站,编辑方法,设置参数,等仪器各参数就绪,基线平稳后,开始进样。

(2) 仪器操作。

测量甲醇中苯溶液标准物质和丙体六六六-异辛烷溶液标准物质。

核查定量重复性误差。

①FID 检测器。

a. 核查条件:载气 50 mL/min,氢气 30 mL/min,空气 300 mL/min;柱箱温度 160 ℃,进样口 230 ℃,检测器 300 ℃;柱流速 5 mL/min;采用 DB-1701 色谱柱。

b. 核查方式:选取甲醇中苯溶液标准物质,配制成一定浓度的标准使用液,连续进样 6 次,记录苯的峰面积。

c. 计算公式:按下式计算相对标准偏差。

$$\text{RSD} = \sqrt{\frac{\sum_{i=1}^{n}(x_i - \overline{x})^2}{(n-1)}} \times \frac{1}{\overline{x}} \times 100\%$$

式中:RSD——相对标准偏差(%);n——测量次数;x_i——第 i 次测量的峰面积;$\overline{x}$——n 次进样峰面积的算术平均值;i——进样序号。

d. 数据处理:检测点测试值按统计学方法计算。

e. 判定准则:要求定量重复性误差≤3.0%。

②ECD 检测器。

a. 核查条件:载气 50 mL/min;柱箱温度 210 ℃,进样口 230 ℃,检测器 300 ℃;柱流速 5 mL/min;采用 HP-5 色谱柱。

b. 选取丙体六六六-异辛烷溶液标准物质,配制成一定浓度的标准使用液,连续进样 6 次,记录丙体六六六的峰面积。

c. 计算公式:同①中的 c。

d. 数据处理:检测点测试值按统计学方法计算。

e. 判定准则:要求定量重复性误差≤3.0%。

(八) 期间核查周期

期间核查周期为 1 年,时间安排在检定周期中间进行。若对仪器检测的准确性产生怀疑、仪器有搬动或进行对仪器校准状态有影响的维修后,均应进行核查。

六、安捷伦 1260 高效液相色谱仪期间核查规程

(一) 目的

对液相色谱仪运行情况进行检查,保证其正确使用,确保检测数据准确可靠。

(二) 范围

适用于安捷伦 1260 液相色谱仪在两次检定/校准之间或修理后的运行检查。

(三) 核查项目

标准曲线相关系数,定量重复性,检出限,基线噪声和基线漂移。

(四) 环境条件

(1) 仪器室应清洁无尘,无易燃、易爆和腐蚀性气体,排风良好。

(2) 室温在 15~30 ℃,检定过程中温度变化不超过 3 ℃,室内湿度在 20%~85%范围内。

(3) 仪器应平稳地放在工作台上,周围无强烈机械振动和电磁干扰源,仪器接地良好。

(4) 电源电压为(220±20)V,频率为(50±0.5)Hz。

(五) 核查依据

安捷伦 1260 液相色谱仪使用说明书;JJG 705—2014《液相色谱仪检定规程》。

(六) 核查内容

1. 定性、定量重复性测定

技术要求:

(1) 定性测量重复性误差(6 次测量)$\text{RSD}_{定性}\leqslant 1.5\%$;定量测量重复性误差(6 次测量)$\text{RSD}_{定量}\leqslant 3.0\%$。

(2) 运行检查方法。

选择一种适当的标准溶液(紫外检测器用苯甲酸、山梨酸,荧光检测器用环丙沙星等)或稳定的待分析样品,记录保留时间和峰面积,连续测量 6 次,按式(3-2),计算相对标准偏差(RSD)。

$$\text{RSD} = \sqrt{\left[\sum_{i=1}^{n}(X_i-\overline{X})^2\right]/(n-1)} \times \frac{1}{\overline{X}} \qquad (3\text{-}2)$$

RSD 即为定量测量重复性相对标准偏差。

式中:X_i——第 i 次测得的保留时间或峰面积;$\overline{X}$——n 次测得结果的算术平均值;I——测量序号;n——测量次数。

2. 检测器基线漂移和基线噪声检查

(1) 紫外检测器技术要求: 基线噪声$\leqslant 5\times 10^{-4}$ AU;基线漂移$\leqslant 5\times 10^{-3}$

AU/h。

（2）荧光检测器技术要求：　基线噪声$\leqslant 5 \times 10^{-4}$ FU；基线漂移$\leqslant 5 \times 10^{-3}$ FU/h。

（3）运行检查方法。

①紫外检测器：选择C_{18}柱，以甲醇为流动相，流速为 1 mL/min，检测波长为 254 nm，待基线稳定后记录基线 30 min，计算检测器噪声。基线漂移用 1 h 内基线偏离原点的值（AU/h）表示。

②荧光检测器：选择C_{18}柱，以 85％甲醇为流动相，流速为 1 mL/min，激发波长为 345 nm，发射波长为 455 nm，基线稳定后记录基线 30 min，计算检测器噪声。基线漂移用 1 h 内基线偏离原点的值（FU/h）表示。

3. 泵流量设定值误差S_S及泵流量稳定性误差S_R

（1）技术要求。

泵流量设定值误差S_S及泵流量稳定性误差S_R的要求见表 3-7。

表 3-7　泵流量设定值误差S_S及泵流量稳定性误差S_R的要求

流量设定值		0.5	1.0	2.0
测量次数		3	3	5
流动相收集时间/min		10	5	5
允许误差	S_S	5％	3％	2％
	S_R	3％	2％	2％

（2）运行检查方法。

按照表 3-7 的要求设定流量，启动仪器设备，压力稳定后，在流动相出口处用事先清洗称重的容量瓶收集流动相，同时用秒表计时，收集规定时间内流出的流动相，在电子天平上称重，按式（3-3）、（3-4）计算S_R和S_S。

$$S_S = (\overline{F}_m - F_S)/F_S \times 100\% \tag{3-3}$$

$$S_R = (F_{max} - F_{min})/\overline{F}_m \times 100\% \tag{3-4}$$

式中：$\overline{F}_m$——同一组测量的算术平均值，mL/min；F_S：流量设定值，mL/min；F_{max}——同一组测量中流量最大值，mL/min；F_{min}：同一组测量中流量最小值，mL/min。

（七）检测器检出限

调试仪器处于最佳工作状态，待基线稳定后，用微量注射器注入一定量的标准溶液，进样 20 μL，连续进样 6 次。计算 γ-六六六的峰面积的算术平均值。

$$D = 2N \times C/S$$

式中：D——检测器对标准溶液的检出限（μg 或 μg/mL）；N——基线噪声（标准偏

差）；C——进样量（μg）或样品浓度（μg/mL）；S——标准溶液的响应值。

（八）核查周期

在仪器设备两次检定之间或维修后，一般一年核查一次。

七、离子色谱仪期间核查规程

（一）目的

检查离子色谱仪的流量设定值误差与流量稳定性误差、基线噪声和基线漂移、保留时间和定量重复性误差以及分离能力与洗脱时间，确认仪器检测结果的可靠性，使其保持良好的运行状态，从而保证本实验室所得到的测量结果准确可靠。

（二）期间核查的条件

（1）环境条件：温度 5～30 ℃；相对湿度 25％～85％；工作电源：（220±20）V，（50±0.5）Hz。

（2）恒温控制器：5～30 ℃；控温精度：±0.05 ℃。

（三）期间核查的频率

仪器两次检定期之间，核查一次。

（四）核查项目和核查方法

1. 外观核查

外观完好；仪器的各功能部件（量程、输出旋钮、按键、开关和指示灯等）均能正常工作，各紧固件应无松动。电源线、信号电缆等插头、接头应与插座紧密配合。

2. 流量设定值误差 S_S 和流量稳定性误差 S_R

在检查已确定无泄漏的条件下，分别设定流量和收集排出液时间。泵运转 5 min 后，在流动相泵的排出口用已称量过的容量瓶收集洗脱液，同时用秒表计时，分别称重。每种流量重复测定 3 次，算术平均值作为流量测定值，计算流量测定值，计算流量设定值误差 S_S 和流量稳定性误差 S_R。

$$S_S = (\overline{F}_m - F_S)/F_S \times 100\%$$
$$S_R = (F_{max} - F_{min})/\overline{F}_m \times 100\%$$
$$F_m = (W_2 - W_1)/(\rho_t \times t)$$

式中：F_m——流量实测值，mL/min；W_2——容量瓶＋流动相的质量，g；W_1——容量瓶的质量，g；ρ_t——实验温度下流动相的密度，g/cm^3；t——收集流动相的时间，min；$\overline{F}_m$——同一组流量测量的算术平均值，mL/min；F_S——流量设定值，mL/min；F_{max}——同一组流量测量中的最大值，mL/min；F_{min}——同一组流量测量中的最小值，mL/min。

3. 基线噪声和基线漂移（电导检测器）

调节仪器和记录仪灵敏度，使浓度为 0.5 mg/L 的氯校准液峰高达满刻度，以洗脱液为流动相,流速取 1.2 mL/min,线速取 10 mm/min,待基线稳定后,记录不少于 30 min 的基线。不少于 30 min 的基线波动最大幅度为基线噪声。基线起始点引出的水平线与基线的最高点(或最低点)的垂直距离为基线漂移。

4. 最小检出浓度

将仪器各参数调至最佳状态,待基线稳定后,分别以 3.0 mol/L NO$_3^-$ 为标准溶液进样,连续测定 5 次,取平均值。检测限按下式计算。

$$C_{\min} = \frac{2H_N c \times V}{25H}$$

式中:$C_{\min}$——最小检测浓度,μg/mL;H_N——基线噪声峰值,μS;c——标准溶液浓度,μg/mL;H——标准溶液的色谱峰高,μS;V——进样体积,μL。

5. 保留时间和定量重复性误差

(1)保留时间重复性误差:任意选定一种检测离子,连续进样测定保留时间 6 次,计算其相对标准偏差作为保留时间的重复性误差。

$$\text{RSD}_{保留} = \sqrt{\frac{\sum_{i=1}^{n}(T_i - \overline{T})^2}{n-1}} \times \frac{1}{\overline{T}} \times 100\%$$

式中:T_i——第 i 次测定的保留时间;$\overline{T}$——保留时间平均值;n——测定次数;i——测定序号,$i=1,2,3,4,5,6$。

(2)定量重复性误差:每种离子各连续进样测定 6 次,分别计算它们的相对标准偏差作为每个离子的定量重复性误差。

$$\text{RSD}_{定量} = \sqrt{\frac{\sum_{i=1}^{n}(X_i - \overline{X})^2}{n-1}} \times \frac{1}{\overline{X}} \times 100\%$$

式中:X_i——第 i 次测定的峰高或峰面积;$\overline{X}$——峰高或峰面积的平均值;n——测定次数;i——测定序号,$i=1,2,3,4,5$。

(五)核查参考技术指标

S_S 和 S_R 允许误差:如表 3-8 所示。

表 3-8 S_S 与 S_R 的允许误差

流量设定值/(mL/min)		0.2~0.5	0.5~1.0	大于 1.0
允许误差	S_S	$\pm 5\%$	$\pm 3\%$	$\pm 2\%$
	S_R	3%	2%	2%

基线噪声:$\leqslant$1.5% FS;基线漂移:$\leqslant$3.0% FS;最小检出浓度:NO$_3^-$ 浓度$\leqslant$0.05 μg/mL;RSD$_{保留}$:$\leqslant$1.5%;RSD$_{定量}$:$\leqslant$5.0%。

(六)结果判断方法

仪器符合条款 5 的技术指标,仪器可继续使用,否则应当停止使用,进行检查、修理和送计量检定机构校准。

（七）核查周期

在仪器设备两次检定之间，一般每隔六个月核查一次。如仪器有搬动、维修或测量结果有疑问时应进行核查。

八、荧光分光光度计期间核查规程

（一）目的

在仪器两次检定之间，进行期间核查，验证仪器是否保持校准时的状态，确保检验结果的准确性和有效性。

（二）核查项目

（1）稳定度、荧光强度重复性和线性误差。

（2）要求如下。稳定性：仪器零点在 1 min 内漂移引起的荧光强度变化不应大于 ±0.1；荧光值的重复性应不小于 0.2。

（三）使用的标准物质（核查标准）

维生素 C 标准品。

（四）核查依据

JJG 537—2006《荧光分光光度计检定规程》。

（五）核查方法

1. 稳定度

仪器在接收元件不受光的条件下，用空白溶液将仪器调至零点，观察 1 min，读取荧光值的变化，即为零点稳定度。

2. 荧光强度重复性和线性误差

用浓度分别为 2.5 $\mu g/mL$，5.0 $\mu g/mL$，7.5 $\mu g/mL$，10 $\mu g/mL$ 的维生素 C 标准溶液，以空白溶液为参比，于激发波长 350 nm，发射波长 430 nm 处测定荧光值，连续测量三次，取其平均值。按下式计算仪器在不同荧光强度范围内测量溶液的线性误差：

$$a\% = \frac{K_i - K}{K} \times 100$$

式中：K_i——每一浓度溶液的平均荧光强度与溶液浓度的商；K——不同浓度溶液平均荧光强度与其相应浓度的商 K_i 的平均值。

（六）结果处理

填写"仪器设备期间核查记录"。如果该仪器已经偏离校准状态，应查找原因，并采取维修、重新检定或停用、报废等相应措施，维修后的仪器经检定或核查达到技术性能要求后方能投入使用。

（七）核查周期

在仪器两次检定之间，一般每隔六个月核查一次。如仪器有搬动、维修或测量结果有疑问时应进行核查。

九、安捷伦 7890A-5975C 气相色谱-质谱联用仪期间核查规程

（一）目的

使 7890A-5975C 气相色谱-质谱联用仪（简称 7890A-5975C 气-质联用仪）在检定/校准期间内处于正常的工作状态，确保检验结果的准确性和有效性。在仪器两次检定/校准之间及维修后，进行期间核查，验证仪器是否保持校准时的状态，确保检验结果的准确性和有效性。

（二）范围

适用于安捷伦 7890A-5975C 气-质联用仪的期间核查。

（三）核查依据

（1）安捷伦 7890A-5975C 气-质联用仪说明书。

（2）JJG 003—1996《有机质谱仪检定规程》。

（3）JJF 1164—2006《台式气相色谱-质谱联用仪校准规范》。

（四）核查环境

（1）仪器供电电压为（220±20）V，频率为 50～60 Hz。

（2）环境温度应为 20～27 ℃，且相对稳定，相对湿度＜80 ％。

（五）主要的技术指标

（1）分辨率（R）：$W_{1/2}<1$。

（2）质量范围：不低于 600 μg。

（3）测量重复性：RSD≤10％。

（4）标准曲线相关系数：$R^2 \geqslant 0.9900$。

（六）核查内容

1. 外观检查

无外观缺陷，按键开关、调节旋钮等工作正常。

2. 分辨率

仪器稳定后，执行 Autotune 命令进行调谐，直到调谐通过，打印调谐报告，得到半峰宽 $W_{1/2}$。要求 $W_{1/2}<1u$。

3. 质量范围

以全氟三丁胺（PFTBA）为调谐样品进行调谐，质量数设定达到 600u 以上，观察

是否有质量数 600u 以上的质谱峰出现。

4. 测量重复性

待仪器处于稳定状态,注入 1.0 μL、浓度为 100 ng/mL 的 γ-六六六标准溶液,连续进样六针,提取 γ-六六六特征离子 $m/z=254$,按照峰面积进行积分。计算六次质量色谱峰面积的相对标准偏差(RSD)。要求 RSD≤10%。

5. 标准曲线线性范围

待仪器处于正常工作状态后,对浓度为 50 ng/mL、100 ng/mL、200 ng/mL、300 ng/mL、500 ng/mL 的 γ-六六六标准溶液进行测定,测量其峰面积,计算标准序列的线性回归方程,由仪器计算出工作曲线的相关系数。

(七)期间核查周期

期间核查周期为半年,时间安排在年度检定/校准周期期间或维修后进行。

十、仪器设备检定校准结果确认规程

(一)目的

检验室的检测设备均委外校准,对于校准结果须由相关人员结合设备说明书及检测方法对校准结果加以比较,以确定该设备是否满足使用要求。

(二)范围

本规定适用于检验室对计量检定部门出具"校准证书"的检测设备的校准结果进行确认。

(三)职责

(1)检验室负责人负责对校准结果进行审核,科研项目部对确认结果进行最终有效性确认。

(2)检验室负责对校准结果进行技术性确认。

(四)确认内容

(1)溯源性:检测设备校准结果的确认首先要对其量值溯源结果的有效性进行审查。参照计量器具检定规程等有关规定,审查设备的校准服务方的资格,技术能力、校准方法、标准物质等是否符合要求。

(2)技术能力:校准证书给出的各项技术性能指标(特别是测量不确定度)给出的准确度等级是否符合所开展的测试项目的要求。

(3)完整性:校准证书的人、机、料、法、环等要素是否完整。

(五)确认方法

(1)在取得校准证书的 3 个工作日内,由检验员对校准结果进行确认。

(2)检验员结合设备的使用方法和检测项目及检测标准的要求,对照校准证书给出各项性能指标,写明校准设备的使用状态,报技术负责人批准实施。

(3)技术负责人对校准证书确认结果给予有效性确认。

(六)修正值等信息的运用

校准确认后,部分仪器(如滴定管等)需在仪器操作现场张贴仪器校准证书上的相关内容,以便使用仪器校准证书中的修正值等相关信息。

第四章 旋 光 法

第一节 概 述

一、旋光法

旋光法是利用物质的旋光性质测定溶液浓度的方法。许多物质具有旋光性（又称光学活性），如含有手性碳原子的有机化合物。当平面偏振光通过这些物质（液体或溶液）时，偏振光的振动平面向左或向右旋转，这种现象称为旋光。偏振光旋转的角度称为旋光度，旋转的方向与时针转动方向相同时称为右旋，以"＋"号表示；如与之相反，则称为左旋，以"－"号表示。

二、旋光仪的结构及分析原理

旋光仪的主要组成结构：①光源；②毛玻璃；③聚光镜；④滤色镜；⑤起偏镜；⑥半波片；⑦试管；⑧检偏镜；⑨物、目镜组；⑩调焦手轮；⑪读数放大镜；⑫度盘及游标；⑬度盘转动手轮。当检测池中放进盛有被测溶液的试管后，由于溶液具有旋光性，平面偏振光旋转一定的角度，零度视场便发生了变化，转动检偏镜一定角度，能再次出现亮度一致的视场。这个转角就是溶液的旋光度，测得溶液的旋光度后，就可以求出物质的比旋度。根据比旋度的大小，就能确定该物质的纯度和含量。

三、旋光仪的类型

旋光仪的主要类型：圆盘式旋光仪、微机型旋光仪、参数全显旋光仪、恒温旋光仪、大角度旋光仪、多波长旋光仪。

四、旋光仪的应用

旋光仪是测定物质旋光度的仪器。通过对样品旋光度的测量，旋光仪可以分析确定物质的浓度、含量及纯度等。旋光仪被广泛应用于制药、药检、食品、以及石油等工业生产，用于科研、教学部门，还可用于化验分析或过程质量控制。

第二节　操作技能实训

实训五　旋光法测定葡萄糖注射液含量

【技能目标】

(1) 能正确使用全自动旋光仪测定药物的旋光度。

(2) 熟悉全自动旋光仪的保养及维护。

【知识目标】

(1) 掌握葡萄糖注射液旋光度的测定方法原理及含量计算公式。

(2) 熟悉全自动旋光仪的工作原理。

【素质目标】

培养学生精益求精的学习态度以及对所做实验结果进行自我评价的能力。

【实训内容】

(一) 实验原理

葡萄糖分子中含不对称碳原子,具有旋光性,在一定条件下,其水溶液的比旋度 $[\alpha]_D^t$ 为 $+52.5°\sim+53.0°$,根据旋光度 α 与浓度 c 的比例关系可进行含量测定:

$$\alpha=[\alpha]_D^t \cdot l \cdot c$$

式中: l ——液层厚度,dm; c ——溶液的百分浓度(g/mL,按干燥品或无水物计算)。所以

$$c=\alpha \cdot 100/([\alpha]_D^t \cdot l)$$

本品为葡萄糖的灭菌水溶液,所含葡萄糖($C_6H_{12}O_6 \cdot H_2O$)应为标示量的 95.0%～105.0%。

(二) 仪器与试剂

全自动旋光仪(SGW-3)、容量瓶(100 mL)、烧杯(100 mL)、葡萄糖注射液(20 mL:10 g)、氨水(分析纯)。

(三) 操作步骤

精密量取本品适量(约相当于葡萄糖 10 g),置于 100 mL 容量瓶中,加氨水 0.2 mL(10%或 10%以下规格的本品可直接取样测定),用水稀释至刻度,摇匀,静置

10 min，测定旋光度。测定时使用读数至 0.01°并经过检定的旋光计，先用水校正零点，再将测定管（长度为 1 dm）用供试溶液冲洗数次，缓缓注入供试溶液适量（注意勿使其发生气泡），置于旋光计内检测读数，记录旋光度，同法操作读取旋光度 3 次，取 3 次的平均值作为样品的旋光度。与 2.0852 相乘，即得 100 mL 供试溶液中含有 $C_6H_{12}O_6 \cdot H_2O$ 的质量（g）。测定后再用纯水核对零点，若零点有变动，应重测（2015 年版《中国药典》四部通则 0621）。

（四）注意事项

（1）每次测定前应以溶剂作为空白校正，测定后，再校正 1 次，以确定在测定时零点有无变动；如第 2 次校正时发现旋光度差值超过 ±0.01，表明零点有变动，则应重新测定旋光度。

（2）配制溶液及测定时，均应调节温度至（20±0.5）℃（或各品种项下规定的温度）。

（3）供试的液体或固体物质的溶液应充分溶解，供试液应澄清。

（4）物质的旋光度与测定光源、测定波长、溶剂、浓度和温度等因素有关。因此，表示物质的旋光度时，应注明测定条件。

（5）已知供试品具有外消旋作用或旋光转化现象时，则应相应地采取措施，对样品制备的时间以及将溶液装入旋光管的间隔测定时间进行规定。

（五）思考题

（1）采用旋光法测定葡萄糖含量时，为什么要加氨试液并放置后再进行测定？

（2）怎样推算出旋光法测定葡萄糖含量时的计算系数为 2.0852？

实训六　粗淀粉含量的测定

【技能目标】

（1）能正确使用全自动旋光仪测定药物的旋光度。

（2）熟悉全自动旋光仪的保养及维护。

【知识目标】

（1）掌握粗淀粉含量测定方法的原理及含量计算公式。

（2）熟悉全自动旋光仪的工作原理。

【素质目标】

培养学生精益求精的学习态度以及对所做实验结果进行自我评价的能力。

【实训内容】

（一）实验原理

在加热及稀盐酸的作用下,淀粉水解并转入盐酸溶液中。在一定的水解条件下,不同谷物淀粉的比旋光度是不同的(表 4-1)。其$[\alpha]_D^{20}$ 在 171~195 之间,因此可用旋光法测定粗淀粉的含量。

表 4-1　不同谷物淀粉的比旋光度

品　种	$[\alpha]_D^{20}$	品　种	$[\alpha]_D^{20}$
小麦	182.7	马铃薯	195.4
黑麦	184.0	小米	171.4
大麦	181.5	荞麦	179.5
水稻	185.9	燕麦	181.3
玉米	184.6		

（二）仪器与试剂

（1）仪器:全自动旋光仪(SGW-3)、水浴锅、电子天平。

（2）试剂:盐酸、硫酸锌、亚铁氰化钾均为分析纯。

（三）操作步骤

（1）称取粉碎过 40 目筛的样品 2.50 g(精确至 0.01 g)放入 200 mL 烧杯中,沿杯壁缓慢加入 50 mL 1％盐酸溶液,并轻轻摇动使全部样品湿润,然后将烧杯放入沸水浴中。使其在 3 min 内沸腾,并保持沸腾 15 min,立即取出,迅速冷却至室温。

（2）先加入 1 mL 30％硫酸锌溶液,充分混匀后,再加入 1 mL 15％亚铁氰化钾溶液,摇匀,并全部转移至 100 mL 容量瓶中,用少量蒸馏水将烧杯冲洗几次。若泡沫过多,可以加几滴无水乙醇消泡,用蒸馏水定容至刻度。混匀后过滤,弃取初始滤液 15 mL,收集其余滤液充分混匀后进行旋光度测定。

（四）结果计算

$$淀粉含量(\%)=\frac{\alpha \times 100}{[\alpha]_D^{20} \cdot L \cdot W} \times 100$$

式中:α——测得的旋光度;$[\alpha]_D^{20}$——淀粉的比旋光度;L——旋光管长度(dm);W——样品重量(g)。

（五）注意事项

（1）每次测定前应以溶剂作为空白校正,测定后,再校正 1 次,以确定在测定时零点有无变动;如第 2 次校正时发现旋光度差值超过±0.01,表明零点有变动,则应重新测定旋光度。

（2）配制溶液及测定时,均应调节温度至(20±0.5) ℃(或各品种项下规定的温度)。

（3）沸腾时间计时要准确。

（4）物质的旋光度与测定光源、测定波长、溶剂、浓度和温度等因素有关。因此,表示物质的旋光度时,应注明测定条件。

(六) 思考题

（1）样品加盐酸处理时,煮沸时间少于或多于 15 min 会对测定结果产生什么影响?

（2）为什么过滤时要弃取初始滤液 15 mL?

实训七　差示旋光法测定维生素 C 片中维生素 C 的含量

【技能目标】

（1）能正确使用全自动旋光仪测定药物的旋光度;正确使用差示旋光法对维生素 C 片中维生素 C 的含量进行测定。

（2）熟悉全自动旋光仪的保养及维护。

【知识目标】

（1）掌握维生素 C 片中维生素 C 的旋光度的测定方法原理及含量计算公式;掌握用差示旋光法进行维生素 C 片中维生素 C 的含量测定原理。

（2）熟悉全自动旋光仪的工作原理。

【素质目标】

培养学生精益求精的学习态度以及对所做实验结果进行自我评价的能力。

【实训内容】

(一) 实验原理

维生素 C 在不同 pH 的溶液中,旋光度有显著差异,而片剂辅料的旋光度保持不变。供试液在一定浓度范围内的 $\Delta\alpha$ 值与其浓度 C 呈线性关系,并消除了辅料的干扰,可用标准曲线法或对照法定量。

本品含维生素 $C(C_6H_8O_6)$ 的量应为标示量的 $93.0\%\sim107.0\%$。

(二) 仪器与试剂

仪器:全自动旋光仪(SGW-3);电子天平。

试剂:维生素 C 片、醋酸(分析纯)、碳酸氢钠(分析纯)。

(三) 操作步骤

1. 标准曲线制作

精密称取 105 ℃干燥至恒重的维生素 C 片 6.39 g,置于 50 mL 容量瓶中,加入新沸过的冷水至刻度。精密量取上述溶液 0.5、1.0、1.5、2.0、2.5 mL 各 2 份,分别置于 50 mL 容量瓶中,1 份用醋酸溶液(10%)稀释至刻度,1 份用 5 % 的碳酸氢钠溶液稀释至刻度,以前者为空白,分别测定后者的差示旋光度($\Delta\alpha$),以浓度为横坐标,差示旋光度为纵坐标,绘制标准曲线,得到回归方程。

2. 样品测定方法

精密称取本品 30 片,研细,精密称出适量(约相当于维生素 C 1 g),置于 100 mL 容量瓶中,加入新沸过的冷水至刻度,用干燥过滤器过滤,弃去初滤液,取续滤液 25 mL 2 份,分别置于 50 mL 容量瓶中,1 份加 10%醋酸溶液至刻度,1 份加 5%碳酸氢钠溶液至刻度,以前者为空白,测定后者的差示旋光度,代入直线回归方程,计算出相当于标示量的百分含量。

(四) 注意事项

测定标准系列各溶液的 $\Delta\alpha$ 时,一定要遵循先稀后浓的原则,尽可能消除测定误差。

(五) 思考题

(1) 实验中为什么要用新沸过的冷水?

(2) 在测定的过程中,为什么要加入碳酸氢钠?

第五章　紫外-可见分光光度法

第一节　概　　述

一、紫外-可见分光光度法

紫外-可见分光光度法是在 $190\sim760$ nm 波长范围内测定物质的吸光度,用于定性和定量检测的方法。当光穿过被测物质溶液时,物质对光的吸收程度随光的波长不同而变化。因此,通过测定物质在不同波长处的吸光度,并绘制其吸光度与波长的关系图即得被测物质的吸收光谱。从吸收光谱中,可以确定最大吸收波长 λ_{max} 和最小吸收波长 λ_{min}。物质的吸收光谱具有与其结构相关的特征。因此,可以通过特定波长范围内样品的光谱与对照光谱或对照品光谱的比较,或通过确定最大吸收波长,或通过测量两个特定波长处的吸收比值而鉴别物质。用于定量检测时,在最大吸收波长处测量一定浓度样品溶液的吸光度,并与一定浓度的对照溶液的吸光度进行比较或采用吸收系数法算出样品溶液的浓度。

二、紫外-可见分光光度计结构

紫外-可见分光光度计的组成构造:光源→单色器→吸收池→检测器→信号显示系统。

光源:提供符合要求的入射光的装置,有热辐射光源和气体放电光源两类。热辐射光源用于可见光区,一般为钨灯和卤钨灯,波长范围是 $350\sim1000$ nm;气体放电光源用于紫外光区,一般为氢灯和氙灯,连续波长范围是 $180\sim360$ nm。

单色器:将光源产生的复合光分解为单色光并分出所需的单色光束,是分光光度计的心脏部分。

吸收池:又称比色皿,供盛放试液进行吸光度测量之用,其底部及两侧为毛玻璃,另两面为光学透光面,为减少光的反射损失,吸收池的光学面必须完全垂直于光束方向。根据材质可分为玻璃池和石英池两种,前者用于可见光光区测定,后者用于紫外光区及可见光区测定。

检测器:将光信号转变为电信号的装置,测量吸光度时,并非直接测量透过吸收池的光强度,而是将光强度转换为电流信号进行测试,这种光电转换器件称为检测器。

信号显示系统:将检测器输出的信号放大,并显示出来的装置。

三、紫外-可见分光光度法的原理

紫外-可见分光光度法的原理是基于分子中的某些基团吸收了紫外-可见辐射光后,发生了电子能级跃迁而产生的吸收光谱。它是带状光谱,反映了分子中某些基团的信息。可以用标准光谱图再结合其他手段进行定性分析。根据 Lambert-Beer 定律: $A = \varepsilon b c$,(A 为吸光度;ε 为摩尔吸光系数;b 为液池厚度;c 为溶液浓度)可以对溶液进行定量分析。

四、紫外-可见分光光度计类型

紫外-可见分光光度计的分类方法有多种:按光路系统可分为单光束分光光度计和双光束分光光度计;按测量方式可分为单波长分光光度计和双波长分光光度计;按绘制光谱图的检测方式分为分光扫描检测与二极管阵列全谱检测。

五、紫外-可见分光光度法的应用

紫外-可见分光光度法广泛应用于化学研究、生物医药、环境科学和食品分析等研究领域。它具有分析精度高、应用范围广、分析简便快速和仪器灵敏度较高的优点,是目前大多数实验室常用的定量分析仪器。除此之外,它还可以用于以下方面。①定性鉴定:未知样品采用比较光谱法、标准物对照,或者标准图谱对照;②化合物纯度的检测:化合物在紫外-可见光区没有明显的吸收峰,而杂质在紫外-可见光区有较强的吸收,就可以利用紫外-可见吸收曲线检测出该化合物所含的杂质;③推测结构:推定化合物的共轭关系、部分骨架;④区分化合物的构型;⑤互变异构体的鉴别。

第二节　操作技能实训

实训八　紫外-可见分光光度计的基本操作

【技能目标】

(1)掌握仪器的基本操作方法;会进行波长校正、吸收池成套性检验;掌握仪器的日常维护和保养,排除仪器常见故障。

(2)根据说明书学习新知识的能力;各种不同型号仪器的知识迁移能力,学会编写仪器作业指导书。

【知识目标】

(1)掌握紫外-可见分光光度计的组成及主要构件的作用;紫外-可见分光光度计

的类型及特点;朗伯-比尔定律的原理。

(2) 理解物质对光的选择性吸收。

【素质目标】

(1) 规范操作,注意安全,遵守实验室各项规章制度。

(2) 培养学生胆大心细、严谨的科学作风。

【实训内容】

(一) 实验原理

1. 定性分析

紫外-可见吸收光谱是由分子中的某些基团吸收了紫外-可见光后,发生了电子能级跃迁而产生的吸收光谱。它是带状光谱,反映了分子中某些基团的信息。可以用标准光谱图再结合其他手段进行定性分析。

2. 定量分析

根据 Lambert-Beer 定律:$A=\varepsilon bc$,(A 为吸光度;ε 为摩尔吸光系数;b 为液池厚度;c 为溶液浓度)可以对溶液进行定量分析。

(二) 仪器与试剂

(1) 仪器:756PC 紫外-可见分光光度计、镨钕滤光片。

(2) 试剂:苯(分析纯)、重铬酸钾(基准物质)、硫酸(分析纯)。

(三) 操作步骤

1. 开机前的检查与预热

接通电源,保证样品室内是空的。打开仪器开关,预热 30 min。

2. 仪器波长准确度的检查和校准

(1) 绘制镨钕滤光片的吸收光谱曲线。

以空气作为参比,在波长 500～550 nm 之间,绘制镨钕滤光片的吸收曲线(图5-1)。镨钕滤光片的吸收峰为 528.7 nm 和 807.7 nm。如果测出的峰的最大吸收波长与仪器标示值相差 3 nm 以上,则需要细微调节波长刻度校正螺丝。如果测出的最大吸收波长与仪器波长显示值相差 10 nm 以上,则需要重新调整光源位置,或检修单色器的光学系统。

(2) 苯蒸气的吸收光谱曲线。

在紫外-可见光区检验波长准确度比较实用的方法:用苯蒸气的吸收光谱曲线来检查。

在吸收池滴一滴液体苯,盖上吸收池盖,待苯挥发充满整个吸收池后,就可以测绘苯蒸气的吸收光谱(图 5-2)。若实测结果与苯的标准光谱曲线不一致,表示仪器

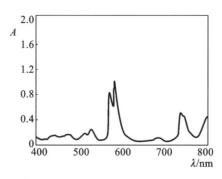

图 5-1　错钕滤光片的吸收光谱曲线

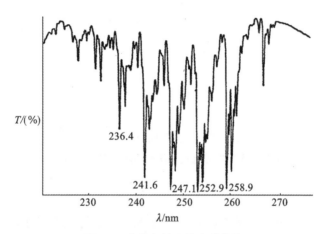

图 5-2　苯蒸气的吸收光谱曲线

有波长误差,必须进行调整。

3. 比色皿配对检查

用一套比色皿装待测试样的溶剂,以其中一个为参比,测定其他吸收池的吸光度。若吸光度为零,或相等,即可配对。两个吸收池透光率 T 相差应小于 0.5%。若不相等,可选最小吸光度作为参比,测定其他吸收池的吸光度,求修正值。

4. 吸光度的准确度

用重铬酸钾的硫酸溶液检定。取在 120 ℃ 干燥至恒重的基准重铬酸钾约 60 mg,精密称量,用 0.005 mol/L 硫酸溶液溶解并稀释至 1000 mL,在规定的波长处测定并计算其吸收系数,并与规定的吸收系数做比较,应符合表 5-1 中的规定。

表 5-1　重铬酸钾硫酸溶液的吸收系数(25 ℃)

λ/nm	235(最小)	257(最大)	313(最小)	350(最大)
吸收系数 $E_{1\,cm}^{1\%}$ 的规定值	124.5	144.0	48.6	106.6
吸收系数 $E_{1\,cm}^{1\%}$ 的允许范围	123.0~126.0	142.8~146.2	47.0~50.3	105.5~108.5

5. 杂散光的检查

配制 5%(g/mL)亚硝酸钠水溶液,置于 1 cm 石英吸收池中,在 340 nm 处测定透光率,透光率应小于 0.8%。

(四) 注意事项

(1) 一般供试品溶液的吸光度以在 0.3~0.7 之间为宜。

(2) 当溶液的 pH 对测定结果有影响时,应将供试品溶液的 pH 和对照品溶液的 pH 调成一致。

(3) 以空气为空白(空白光路中不置任何物质)测定其吸光度。溶剂和吸收池的吸光度,在 220~240 nm 范围内不得超过 0.40;在 241~250 nm 范围内不得超过 0.20;在 251~300 nm 范围内不得超过 0.10,在 300 nm 以上时不得超过 0.05。

(五) 思考题

(1) 简述波长准确度的检查方法。

(2) 在吸收池配套性检查中,若吸收池架上二、三、四格的吸收池吸光度出现负值,应如何处理?

(3) 紫外-可见分光光度计有哪些组成部件,各有什么作用?

(4) 波长准确度检查、吸光度准确度检查、杂散光检查,除了上述方法外,还可以采用什么方法?

实训九　布洛芬紫外-可见吸收曲线的绘制与鉴别

【技能目标】

(1) 掌握紫外-可见分光光度计的使用方法及注意事项。

(2) 会合理选择试药与配制试液;能按照药品质量标准及标准操作规范要求完成检验操作。

【知识目标】

(1) 掌握紫外-可见吸收光谱的定义及产生、常用术语,常见有机化合物的紫外-可见吸收光谱、定性鉴定方法。

(2) 了解紫外-可见分光光度法进行药物鉴别的原理。

【素质目标】

培养学生精益求精的学习态度与实验态度以及对所做实验结果进行自我评价的能力;培养学生分析问题、解决问题的能力。

【实训内容】

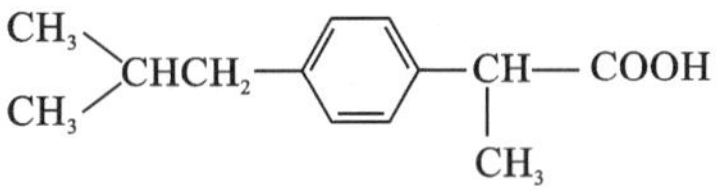

$$\underset{CH_3}{\overset{CH_3}{>}} CHCH_2 -\!\!\!\!\bigcirc\!\!\!\!- \underset{CH_3}{\overset{|}{CH}}-COOH$$

图 5-3　布洛芬化学结构

(一) 实验原理

布洛芬分子中有苯环共轭结构,在紫外光区具有特征吸收峰(图 5-3),可以用紫外-可见分光光度法进行鉴别。本方法应用范围广,使用频率高。同时,紫外-可见分光光度计的普及率高,操作比较简便,在药物检验工作中易于为人们所接受。

本实验通过对比最大、最小吸收波长的一致性,参照药品质量标准,具体操作如下:将供试品用规定的溶剂配成一定浓度的供试液,依据紫外-可见分光光度法,测定最大吸收波长和最小吸收波长,然后与药物质量标准中规定的波长做比较,如果在规定范围内,表示该项检验符合规定。

(二) 仪器与试剂

(1) 仪器:756PC 紫外-可见分光光度计。

(2) 试剂:布洛芬原料药、氢氧化钠(分析纯)。

(三) 操作步骤

1. 供试液的制备

取布洛芬 0.246～0.254 g,置于 100 mL 容量瓶中,加 0.4%氢氧化钠溶液使其溶解并稀释至刻度,摇匀;精密量取该溶液 5 mL,置于 50 mL 容量瓶中,用 0.4%氢氧化钠溶液稀释至刻度,摇匀,即得(每 1 mL 中含 0.25 mg 的溶液)。

2. 测定紫外吸收光谱图

以 0.4%氢氧化钠溶液为空白溶液,依据紫外-可见分光光度法 2015 年版《中国药典》通则 0401 测定。

3. 结果判断

供试品溶液紫外-可见吸收光谱,在 265 nm 与 273 nm 波长处有最大吸收峰,在 245 nm 与 271 nm 波长处有最小吸收峰,在 259 nm 波长处有一肩峰。

(四) 紫外-可见分光光度法的注意事项

(1) 由于常需采用规定波长、吸光度、吸收系数等进行比对,故测定时应注意仪器的波长、吸光度精度须符合要求。

(2) 对于吸收带很窄的药物,应考虑仪器狭缝对测定结果的影响。

(3) 根据药物的溶解性,选择合适的溶剂,不溶于水的药物常采用甲醇、乙醇或水-醇混合溶剂;当采用有机溶剂时,要注意溶剂的吸收波长是否对该鉴别波长产生干扰。

(4) 为了增加药物的溶解度或稳定性,或需要其在一定 pH 条件下产生相应的特征吸收,常常在溶剂中加入一定浓度的酸、碱或缓冲液。

(五) 思考题

(1) 紫外-可见分光光度计如何进行校正?

(2) 如何选择吸收池? 吸收池使用时应注意什么?

实训十　饲料中水溶性总糖的含量测定

【技能目标】

(1) 掌握葡萄糖标准溶液的配制以及葡萄糖工作曲线的绘制。

(2) 学会水溶性总糖提取、测定技能。

【知识目标】

掌握紫外-可见分光光度法的相关知识,工作曲线的绘制方法,分析结果的获得方法。

【素质目标】

培养学生对标准方法的理解能力以及对所做实验结果进行自我评价的能力;培养学生团队合作与竞争的能力。

【实训内容】

(一) 实验原理

饲料中水溶性糖和水不溶性多糖经盐酸溶液水解后转化成还原糖,水解物在硫酸的作用下,生成物与芳香族酚类化合物缩合生成黄色溶液,在 490 nm 波长处有最大吸收峰,在一定范围内其吸光度同糖的浓度成正比,以此测定糖的含量。

(二) 仪器与试剂

(1) 仪器:756PC 紫外-可见分光光度计;舜宇电子天平,感量 0.01 g;恒温水浴锅;电热鼓风干燥箱。

(2) 试剂:浓盐酸、浓硫酸(分析纯)、苯酚(分析纯)、葡萄糖对照品。

苯酚溶液(50 g/L):称取 5 g 苯酚,用水定容至 100 mL,摇匀后避光保存。

葡萄糖标准溶液(1 g/L),将葡萄糖于 105 ℃ 恒温烘干至恒重,准确称取 1.0000 g,用水溶解后加入 5 mL 盐酸,并以水定容至 1000 mL。

（三）操作步骤

1. 试样前处理

称取试样约 1 g(精确至 0.01 g)于 250 mL 锥形瓶中,加入 25 mL 水、10 mL 盐酸,振荡摇匀至形成均匀的悬浊液,装上冷凝回流装置,在沸水浴中水解 1 h,冷却后过滤,并洗涤滤渣,合并滤液及洗涤液,最后定容至 250 mL,摇匀待用,此为待测溶液。

2. 标准系列溶液的制备

量取 0 mL、1 mL、2 mL、4 mL、6 mL、10 mL 葡萄糖标准溶液(1 g/L)分别置于 50 mL 容量瓶中,用水稀释至刻度,摇匀。此曲线浓度分别为 0 μg/mL、20 μg/mL、40 μg/mL、80 μg/mL、120 μg/mL、200 μg/mL。准确吸取上述标准溶液各 1 mL(相当于葡萄糖含量分别为 0 μg、20 μg、40 μg、80 μg、120 μg、200 μg),加入 10 mL 比色管中,分别加入苯酚溶液(50 g/L)各 1 mL,加入浓硫酸 5 mL,反应液静止放置 10 min 后,涡旋摇匀,冷却至室温,选择波长为 490 nm,以空白溶液调零,测定吸光度。以葡萄糖质量浓度为横坐标,吸光度为纵坐标,绘制标准曲线。

3. 测定

准确吸取待测溶液 1 mL 于 10 mL 比色管中,按标准曲线制作步骤自"加入苯酚溶液各 1 mL……"起进行操作,至冷却至室温后测定。

4. 结果计算

试样中总糖的含量按下式进行计算:

$$x = \frac{a \times V_0 \times 10^{-6}}{m \times V_1} \times 1000 \tag{5-1}$$

式中:x——试样中总糖的含量,单位为克每千克,g/kg;a——从标准曲线上查得的葡萄糖含量,单位为微克,μg;V_0——试样经前处理后定容的体积,单位为毫升,mL;V_1——测定时吸取滤液的体积,单位为毫升,mL;m——试样质量,单位为克,g。

注:计算结果以葡萄糖计,表示到小数点后一位。

（四）注意事项

(1)样品溶液的吸光度最好在 0.2~0.8 范围内。

(2)有效数字的保留位数要准确合理。

(3)总糖通常是指具有还原性的糖(葡萄糖、果糖、乳糖、麦芽糖等)和在测定条件下能水解为还原性单糖的糖的总量。

(4)若样品溶液较深,可用活性炭脱色。

（五）思考题

测定总糖含量的方法有哪些? 各有什么优缺点?

实训十一　双波长分光光度法测定复方制剂的含量

【技能目标】

（1）掌握双波长分光光度法消除干扰的原理和波长选择原则。

（2）能熟练使用紫外-可见分光光度计。

【知识目标】

（1）掌握双波长分光光度法测定药物含量的原理及计算方法。

（2）熟悉紫外-可见分光光度计的构造和使用操作。

【素质目标】

培养学生对标准方法的理解能力以及对所做实验结果进行自我评价的能力。

【实训内容】

（一）实验原理

复方磺胺嘧啶片是由磺胺嘧啶和甲氧苄啶组成的复方制剂。两者在紫外区有较强的吸收。在盐酸溶液中，磺胺嘧啶在 308 nm 波长处有吸收峰，而甲氧苄啶在此波长处无吸收峰，故可在此波长处直接测定磺胺嘧啶的吸光度而求得其含量。甲氧苄啶在 277.4 nm 波长处有较大吸收峰，而磺胺嘧啶在 277.4 nm 与 308 nm 波长处有等吸收点。故可采用双波长分光光度法以 277.4 nm 为测定波长，308 nm 为参比波长，测定甲氧苄啶在该两波长处的 $\Delta A(\Delta A = A_{277\,nm} - A_{308\,nm})$ 来计算其含量。

（二）仪器与试剂

（1）仪器：756PC 紫外-可见分光光度计。

（2）试剂：磺胺嘧啶对照品、甲氧苄啶对照品、复方磺胺嘧啶片、氢氧化钠（分析纯）、盐酸（分析纯）、冰醋酸（分析纯）。

（三）操作步骤

磺胺嘧啶：取本品 10 片，精密称量，研细，精密称取适量（约相当于磺胺嘧啶 0.2 g），置于 100 mL 容量瓶中，加 0.4% 氢氧化钠溶液适量，振摇使磺胺嘧啶溶解，并稀释至刻度，摇匀，过滤，精密量取续滤液 2 mL，置于另一个 100 mL 容量瓶中，加盐酸溶液稀释至刻度，摇匀，依据 2015 年版《中国药典》通则 0401，在 308 nm 波长处测定吸光度；另取 105 ℃ 干燥至恒重的磺胺嘧啶对照品适量，精密称定，加盐酸溶液溶解并定量稀释制成每 1 mL 中约含 40 μg 磺胺嘧啶的溶液，同法测定；计算，即得。

甲氧苄啶：精密称取上述研细的细粉适量（约相当于甲氧苄啶 40 mg），置于 100

mL 容量瓶中,加冰醋酸 30 mL,振摇使甲氧苄啶溶解,加水稀释至刻度,摇匀,过滤,取续滤液作为供试品溶液;另精密称取甲氧苄啶对照品 40 mg 与磺胺嘧啶对照品约 0.3 g,分别置于 100 mL 容量瓶中,各加冰醋酸 30 mL 溶解,加水稀释至刻度,摇匀,前者作为对照品溶液(1),后者过滤,取续滤液作为对照品溶液(2)。精密量取供试品溶液与对照品溶液(1)、(2)各 5 mL,分别置于 100 mL 容量瓶中,各加盐酸溶液稀释至刻度,摇匀,按双波长分光光度法测定。取对照品溶液(2)的稀释液,以 308.0 nm 为参比波长 λ_1,在 277.4 nm 波长附近(每间隔 0.2 nm)选择等吸收点波长为测定波长(λ_2),要求 $\Delta A = A_{\lambda_2} - A_{\lambda_1} = 0$。再在 λ_2 和 λ_1 波长处分别测定供试品溶液的稀释液与对照品溶液(1)的稀释液的吸光度,求出各自的吸光度差(ΔA),计算,即得。

(四)注意事项

(1)石英比色皿的正确使用和吸光度校正。

(2)吸光度读数 3 次,取平均值计算含量。

(3)读数后应及时关闭光闸以保护光电管。

(五)思考题

(1)双波长分光光度法是如何消除干扰的?

(2)应用双波长分光光度法应如何选择测定波长和参比波长?

实训十二 苯酚的紫外-可见吸收光谱的绘制及含量测定

【技能目标】

(1)掌握紫外-可见吸收光谱的绘制方法。

(2)能熟练使用紫外-可见分光光度计。

【知识目标】

(1)掌握标准曲线法测定含量的原理及计算方法;掌握在不同 pH 条件下,苯酚吸收光谱变化的原理。

(2)熟悉紫外-可见分光光度计的构造和使用操作。

【素质目标】

培养分析问题、解决问题的能力以及对所做实验结果进行自我评价的能力。

【实训内容】

(一)实验原理

分子的紫外-可见吸收光谱是由分子中某些基团吸收了紫外-可见辐射光后,发生电子能级跃迁而产生的吸收光谱。它是带状光谱,反映了分子中某些基团的信息。可以用标准光谱图再结合其他手段进行定性分析。根据 Lambert-Beer 定律:$A = kbc$ 可对溶液进行定量分析。在紫外-可见分光光度分析中,必须注意溶液 pH 对分析结果的影响。因为溶液的 pH 不但有可能影响被测物的吸光度,甚至还可能影响被测物的峰位形状和位置(图 5-4)。

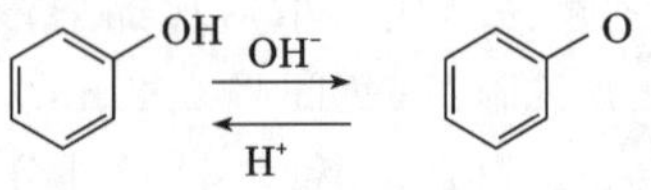

图 5-4　不同 pH 对苯酚结构的影响

苯酚在紫外区有三个吸收峰,在酸性或中性溶液中,λ_{max} 为 196.3 nm、210.4 nm 和 269.8 nm;在碱性溶液中 λ_{max} 位移至 207.1 nm、234.8 nm 和 286.9 nm。在盐酸溶液与氢氧化钠溶液中,苯酚的紫外吸收光谱有很大差别,所以在用紫外-可见分光光度法分析苯酚时应加缓冲溶液,本实验是通过加氢氧化钠强碱溶液来控制溶液 pH 的。

(二) 仪器与试剂

(1) 仪器:756PC 紫外-可见分光光度计。

(2) 试剂:苯酚、氢氧化钠(分析纯)、盐酸(分析纯)。

(三) 操作步骤

1. 绘制吸收光谱曲线和选择测量波长

用移液管分别移取 0(作为空白)、1.0 mL 苯酚标准溶液(0.250 mg/mL),1.0 mL NaOH 溶液加入 10 mL 容量瓶中,用蒸馏水稀释至刻度,摇匀。以空白作为对照,在波长 220~350 nm 范围内,测定吸光度。以波长为横坐标,对应的吸光度为纵坐标绘制光谱曲线,并确定最大吸收波长。

2. 绘制标准曲线

用吸量管分别吸取 0.00 mL、0.20 mL、0.40 mL、0.60 mL、0.80 mL、1.00 mL 苯酚标准溶液(0.250 mg/mL),1.0 mL NaOH 溶液加入 10 mL 容量瓶中,用蒸馏水稀释至刻度,摇匀。此苯酚标准溶液系列对应的溶液为 0.00 mg/L、5.0 mg/L、10.0 mg/L、15.0 mg/L、20.0 mg/L 和 25.0 mg/L。在最大吸收波长处测定对应的吸光度。以苯酚标准溶液的含量(mg/L)为横坐标,对应的吸光度为纵坐标绘制标准曲线。

3. 水样的测定

取含苯酚的水样 1 mL、NaOH 水溶液 1.0 mL,加入 10 mL 容量瓶中,用蒸馏水稀释至刻度,摇匀。在选定测量波长处测定吸光度,然后在标准曲线上查出对应水样中苯酚的含量。

4. 计算未知溶液的含量(mg/mL)

（四）思考题

（1）本实验采用紫外-可见分光光度法在波长最大的吸收峰下进行测定,是否可以在另外两个吸收峰下进行定量测定,为什么?

（2）在实验过程中为什么要加入 NaOH 溶液?

第六章　红外分光光度法

第一节　概　　述

一、红外分光光度法

当物质分子吸收一定波长的光,可引起分子振动和转动能级跃迁,产生的吸收光谱一般在 2.5～25 μm 的中红外光区,称为红外分子吸收光谱,简称红外光谱。利用红外光谱对物质进行定性分析或定量测定的方法称红外分光光度法。习惯上,往往把红外区分为 3 个区域,即近红外区($12800～4000\ cm^{-1}$,0.78～2.5 μm),中红外区($4000～400\ cm^{-1}$,2.5～25 μm)和远红外区($400～10\ cm^{-1}$,25～1000 μm)。其中中红外区是最常用的区域。

二、红外分光光度计的结构

红外分光光度计主要由光源、单色器(通常为光栅)、样品室、检测器、记录仪、控制和数据处理系统组成,分为色散型(已淘汰)和干涉型两种类型。

光源:一般常见的为硅碳棒,特殊线圈,能斯特灯(已淘汰)。

检测器:真空热电偶及 Golay 池。

吸收池:液体池和气体池(具有岩盐窗片)。

检测器:多用热电性硫酸三甘肽(TGS)或光电导性检测器。

以光栅为色散元件的红外分光光度计,波数为线性刻度,以棱镜为色散元件的仪器以波长为线性刻度。波数与波长的换算关系如下:

$$波数(cm^{-1}) = \frac{10^4}{波长(\mu m)}$$

傅里叶变换型红外光谱仪(简称 FT-IR)则由光学台(包括光源、干涉仪、样品室和检测器)、记录装置和数据处理系统组成,由干涉图变为红外光谱需经快速傅里叶变换。该型仪器现已成为最常用的仪器。

三、红外分光光度计测定原理

红外光谱又称为分子振动转动光谱,也是一种分子吸收光谱。当样品受到频率连续变化的红外光照射时,分子吸收某些频率的辐射,由其振动或转动引起偶极矩的变化,产生分子振动和转动能级,从基态跃迁到激发态,使这些吸收区域相应的透射光强度减弱。记录红外光的百分透射比与波数或波长关系的曲线,就是红外光谱。物质分子发生振动和转动能级跃迁所需的能量较低,几乎所有的有机化合物在红外光区均有吸收。分子中不同官能团,在发生振动和转动能级跃迁时所需的能量各不相同,产生的吸收谱带的波长位置成为鉴定分子中官能团特征的依据,其吸收强度则是定量检测的依据。

四、红外分光光度法的应用

红外分光光度法是在 $4000 \sim 400\ cm^{-1}$ 波数范围内测定物质的吸收光谱,用于化合物的鉴别、检查或含量测定的方法。除部分光学异构体及长链烷烃同系物外,几乎没有两个化合物具有相同的红外光谱,据此可以对化合物进行定性和结构分析;化合物对红外辐射光的吸收程度与其浓度的关系符合朗伯-比尔定律,是红外分光光度法定量分析的依据。此外,在高聚物的构型、构象、力学性质的研究,以及物理、天文、气象、遥感、生物、医学等领域,红外分光光度法也有广泛应用。

1. 化合物的鉴定

用红外光谱鉴定化合物,其优点是简便、迅速和可靠;同时样品用量少、可回收;对样品也无特殊要求,气体、固体和液体均可以进行检测。

2. 定性分析

根据主要的特征峰可以确定化合物中所含的官能团,以此鉴别化合物的类型。如某化合物的图谱中只显示饱和 C—H 特征峰,就是烷烃化合物;如有═C—H 和 C═C 或 C≡C 等不饱和键的峰,就属于烯类或炔类;其他官能团如 H—X,X≡Y, C═O 和芳环等也较易认定,从而可以确定化合物为醇、胺、酯或羰基等。

第二节　操作技能实训

实训十三　红外分光光度法测定苯甲酸的结构

【技能目标】

(1) 掌握傅里叶变换红外光谱仪的使用方法及注意事项;掌握用压片法制备固体试样的方法。

(2) 会用红外分光光度法进行化合物的定性分析。

【知识目标】

（1）掌握红外光谱解析的基本概念；掌握红外分光光度法进行化合物定性分析的原理。

（2）熟悉傅里叶变换红外光谱仪的工作原理。

【素质目标】

（1）规范操作，注意安全，遵守实验室各项规章制度。

（2）培养学生胆大心细、严谨的科学作风。

【实训内容】

（一）实验原理

红外光谱图中的吸收峰的数目及所对应的波数是由吸光物质分子结构所决定的，是分子结构的特性反映。因此，可根据吸收光谱图的特征吸收峰，对吸光物质进行定性分析和结构分析。

红外光谱压片法测定固体试样时，将试样与稀释剂 KBr 混合（试样含量范围一般为 0.1%～2%）并研细，然后置于压片机上压成透明薄片，置试样薄片于光路中进行测定。根据绘制谱图，查出特征吸收峰的波数并推断其官能团的归属，从而进行定性和结构分析。由苯甲酸分子结构可知，在 4000～650 cm^{-1} 波数范围内，分子中各原子基团的基频峰的频率见表 6-1。

表 6-1　苯甲酸原子基团的基本振动及基频峰频率

原子基团的基本振动形式	基频峰的频率/cm^{-1}
$\nu_{=C-H}$（Ar 上）	3077,3012
$\nu_{C=C}$（Ar 上）	1600,1582,1495,1450
$\delta=C—H$（Ar 上邻接五氢）	715,690
ν_{O-H}（形成氢键二聚体）	3000～2500（多重峰）
δ_{O-H}	935
$\nu_{C=O}$	1400
δ_{C-O-H}（面内弯曲振动）	1250

（二）仪器与试剂

（1）Thermo fisher Nicolet 6700 傅里叶变换红外光谱仪、压片机及模具一套、玛瑙研钵、红外干燥灯。

（2）苯甲酸、溴化钾均为优级纯。

（3）无水乙醇为分析纯。

（三）操作步骤

（1）开启位于仪器背面的电源开关，启动计算机进入相应软件，设置好采集条件。仪器需预热 30 min。

（2）苯甲酸试样和纯 KBr 晶片的制作：取预先烘干的 KBr 粉末 150～200 mg，置于洁净的玛瑙研钵中，在红外干燥灯下研匀成细小颗粒，然后转移到压片模具上，置于压片机中加压，当压力达到 27 MPa 时，保持 1～2 min，按压片机使用方法取出压好的直径为 13 mm、厚度约为 1 mm 透明的 KBr 晶片，保存在干燥器内。另取一份相同质量的干燥 KBr 粉末，置于洁净的玛瑙研钵中，再在其中加入 0.5～2 mg 优级纯苯甲酸，同上操作研磨均匀、压片并保存在干燥器内。

（3）红外光谱扫描：按设定好的采集顺序取出晶片，置于夹持器中，打开位于仪器顶部的样品仓门，将夹持器插入仪器的样品架中并随手关上仓门，即可按红外软件的操作步骤进行红外光谱的测绘。

（4）数据处理。

①记录实验条件。

②在苯甲酸标样和试样红外光谱图上，标出各特征吸收峰的波数，并确定其归属。

③将苯甲酸试样光谱图与其标准光谱图进行对比，如果两张图上各特征吸收峰及其吸收强度一致，则可认为该试样是苯甲酸。

（5）关闭计算机及红外光谱仪电源开关。

（6）取出夹持器，回收晶片。模具、玛瑙研钵及夹持器擦净收好。

（四）注意事项

（1）KBr 及固体试样在研磨过程中会吸水，应在红外干燥灯下操作。

（2）制得的晶片应完全透明，无裂缝，局部无发白现象。

（3）取放晶片时，样品仓门应及时关闭，同时应稍屏住呼吸，以保持样品仓内 CO_2 及水蒸气的相对稳定。

（五）思考题

（1）红外分光光度法中对固体试样的制片有何要求？

（2）红外分光光度法为什么对温度和相对湿度要维持一定的指标？

（3）化合物的红外吸收光谱是怎样产生的？

（4）固体试样与 KBr 研磨后颗粒直径为什么不能大于 2 μm？

（5）试样含有水分对红外谱图解释有何影响？

（6）如何进行红外分光光度法的定性分析？

实训十四　阿司匹林原料药的红外光谱鉴别

【技能目标】

(1) 掌握红外分光光度计的使用方法及注意事项。

(2) 学习利用红外光谱法鉴别阿司匹林。

【知识目标】

了解红外分光光度法进行药物鉴别的原理。

【素质目标】

(1) 规范操作,注意安全,遵守实验室各项规章制度。

(2) 培养学生胆大心细、严谨的科学作风。

【实训内容】

(一) 实验原理

有机药物分子的组成、结构、官能团不同时,其红外光谱也不同,可据此进行药物的鉴别。

在进行药物鉴别实验时,2015 年版《中国药典》采用与对照图谱比较法,要求按规定条件绘制供试品的红外光光谱,与相应的标准红外图谱进行比较,核对是否一致(峰位、峰形、相对强度),如果两张图谱一致,即为同一种药物。

阿司匹林($C_9H_8O_4$)

阿司匹林为白色结晶或结晶性粉末;无臭或微带醋酸臭;遇湿气即缓缓水解。阿司匹林在乙醇中易溶,在三氯甲烷或乙醚中可溶,在水或无水乙醚中微溶;在氢氧化钠溶液或碳酸钠溶液中可溶,但同时分解。阿司匹林应密封,置于干燥处保存。

(二) 仪器及试剂

Thermo fisher Nicolet 6700 傅里叶变换红外光谱仪、压片机、抽气泵、分析天平、玛瑙研钵、阿司匹林原料药、溴化钾(光谱纯)。

(三) 操作方法

取阿司匹林约 1 mg,置于玛瑙研钵中,加入干燥的溴化钾细粉约 200 mg,充分研磨混匀,移置于直径为 13 mm 的压模中,铺布均匀,压模与真空泵相连,抽真空约 2 min 后,加压至 800000~1000000 kPa,保持 2~5 min,除去真空,取出制成的供试品压片,目视检查,供试品压片应均匀透明,无明显颗粒。将空白溴化钾片、供试品压片置于红外光谱仪的样品光路中,从 4000~400cm^{-1} 波数范围内进行扫描,录制样品的红外光谱图。光谱图应与图 6-1 一致。

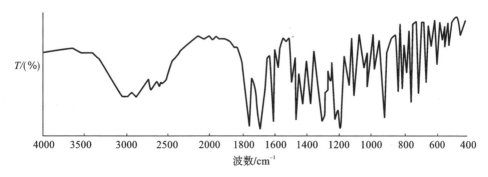

图 6-1　阿司匹林的红外光谱图

（四）注意事项

用红外光谱法鉴别药物时应注意:①录制红外光谱时,必须对仪器进行校正,以确保测定波数的准确性和仪器的分辨率符合要求;②可采用其他直径的压模制片;③供试品压片所用的溴化钾在无光谱纯品时,可用分析纯试剂,如无明显吸收,则不需精制,可直接使用。

由于红外光谱法专属性强、准确度高,供试品可为气体、固体、液体,应用较为广泛,几乎没有两种化合物(光学异构体及长链烷烃同系物除外)具有完全相同的红外光谱,因此各国药典均采用红外光谱法对药物进行鉴别。

（五）思考题

（1）傅里叶变换红外光谱仪的主要组成部件有哪些?

（2）红外光谱产生的条件是什么?

实训十五　近红外光谱法快速测定人参中人参多糖的含量

【技能目标】

（1）掌握红外光谱仪的使用方法。

（2）初步学会对近红外光谱进行解析。

【知识目标】

掌握近红外光谱的基础知识,结果的处理方法。

【素质目标】

培养学生对标准方法的理解能力以及对所做实验结果进行自我评价的能力。

【实训内容】

(一)实验原理

利用人参中 C—H、N—H、O—H、C—O 等化学键振动的倍频或合频的特征吸收峰,用化学计量学方法建立人参近红外光谱与其人参多糖含量之间的关系,计算人参样品中人参多糖含量。

(二)仪器与试剂

(1)仪器:近红外光谱仪:扫描范围 $800 \sim 2500$ nm($12500 \sim 4000$ cm^{-1});仪器波长准确度优于 0.2 nm,波长重现性优于 0.02 nm;近红外光谱仪附带软件具有近红外数据的采集、处理功能。

(2)试剂:溴化钾(光谱纯)、氯化钾(光谱纯)。

(三)操作步骤

(1)近红外光谱仪校准:测定前应对仪器进行校准。测定结果与按照(分光光度法)DB22/T 1685—2012 规定测出的最初结果比较,绝对偏差应不大于 0.2%。

(2)近红外光谱仪测定条件。

分辨率:8 cm^{-1};扫描信号次数:32 次;扫描范围:$4000 \sim 12500$ cm^{-1}。

(3)监控样品的测定和仪器校正:按照近红外光谱仪说明书的要求,取人参监控样品,用近红外光谱仪进行测定,记录测定数据,建立优化及检验模型。

(4)人参样品的测定:取代表性人参样品,用近红外光谱仪进行测定,调用模型,记录测定数据,预测结果。对于人参样品的每个部位(主根、侧根、须根、根茎)各测定两次后取算术平均值。

(5)结果处理与表示:获得的两次测定结果的绝对偏差应不大于 0.2%。取两次数据的平均值为测定结果,测定结果保留三位有效数字。

(四)注意事项

(1)测定时实验室的温度应在 $15 \sim 30$ ℃,相对湿度应在 65% 以下,所用电源应配备有稳压装置和接地线。

(2)实验室的 CO_2 含量不能太高,因此实验室的人数应尽量少,无关人员最好不要进入,还要注意适当通风换气。

（3）如供试品为盐酸盐，因考虑到在压片过程中可能出现的离子交换现象，标准规定用氯化钾（也同溴化钾一样预处理后使用）代替溴化钾进行压片，但也可比较氯化钾压片和溴化钾压片后测得的光谱，如二者没有区别，则可使用溴化钾进行压片。

（五）思考题

（1）为什么要选用 KBr 作为承载样品的介质？

（2）傅里叶变换红外光谱仪的特点有哪些？

第七章　荧光分光光度法

第一节　概　　述

一、荧光分光光度法

荧光分光光度法是根据物质的荧光谱线位置及其强度进行物质鉴定和含量测定的方法。由于不同物质的组成与结构不同,所吸收的紫外-可见光波长和发射光的波长也不同,同一种物质应具有相同的激发光谱和荧光光谱,将未知物的激发光谱和荧光光谱图的形状、位置与标准物质的光谱图进行比较,即可对其进行定性分析。不同浓度的物质所发射的荧光强度不同,测量物质的荧光强度可对其进行定量测定。荧光分析法的特点是灵敏度高、选择性好、样品用量少和操作简便。

产生荧光的第一个必要条件是该物质的分子必须具有能吸收激发光的结构,通常是共轭双键结构;第二个条件是该分子必须具有一定程度的荧光效率,即荧光物质吸光后所发射的荧光量子数与吸收的激发光的量子数的比值。使激发光的波长和强度保持不变,而让荧光物质所发出的荧光通过发射单色器照射于检测器上,亦即进行扫描,以荧光波长为横坐标,荧光强度为纵坐标作图,即为荧光光谱,又称荧光发射光谱。让不同波长的激发光激发荧光物质使之发生荧光,而让荧光以固定的发射波长照射到检测器上,然后以激发光波长为横坐标,以荧光强度为纵坐标所绘制的图,即为荧光激发光谱。荧光发射光谱的形状与激发光的波长无关。

二、荧光光谱仪结构

荧光光谱仪由光源、单色器(滤光片或光栅)、狭缝、样品室、信号检测放大系统和信号读出、记录系统组成。

1. 光源

光源为高压汞蒸气灯或氙弧灯,后者能发射出强度较大的连续光谱,且在 300～400 nm 范围内强度几乎相等,故较常用。

2. 激发单色器

置于光源和样品室之间的为激发单色器或第一单色器,可筛选出特定的激发光谱。

3. 发射单色器

置于样品室和检测器之间的为发射单色器或第二单色器,常采用光栅作为单色器。可筛选出特定的发射光谱。

4. 样品室

通常由石英池(液体样品用)或固体样品架(粉末或片状样品)组成。测量液体时,光源与检测器成直角;测量固体时,光源与检测器成锐角。

5. 检测器

一般用光电管或光电倍增管作检测器。可将光信号放大并转为电信号。

三、荧光分光光度计类型

荧光分光光度计的发展经历了手控式荧光分光光度计、自动记录式荧光分光光度计、计算机控制式荧光分光光度计三个阶段;荧光分光光度计还可分为单光束式荧光分光光度计和双光束式荧光分光光度计两大系列。其他的还有低温激光荧光分光光度计,配有寿命和相分辨测定的荧光分光光度计等。

四、荧光光谱仪的应用

荧光光谱仪广泛应用于化学、环境和生物化学领域,是研究小分子与核酸相互作用的主要手段。通过药物与核酸相互作用,DNA 与探针键合的程度减小,反映了探针荧光光谱的改变,从而可以了解药物和核酸的作用机理。

荧光光谱仪是研究药物与蛋白质相互作用的常用仪器。药物与蛋白质相互作用后可能引起药物自身荧光光谱和蛋白质自身荧光(内源荧光)光谱以及同步荧光光谱的变化,如荧光强度和偏振度的改变、新荧光峰的出现等,这些均可以提供药物与蛋白质结合的信息。

第二节 操作技能实训

实训十六 荧光光度法测定多维葡萄糖粉中维生素 B_2 的含量

【技能目标】

掌握系列溶液的配制、试样溶液制备的操作;标准曲线法仪器条件的设置操作;标准曲线的绘制、实验数据的记录和处理。

【知识目标】

(1) 掌握荧光光度法定量分析的理论依据；掌握荧光测定标准溶液、试样溶液的配制方法；掌握标准曲线法的定量原理，结果计算，标准曲线线性评价的方法。

(2) 学习荧光光度法测定多维葡萄糖粉中维生素 B_2 含量的分析原理。

(3) 了解荧光分光光度计的结构和使用方法。

【素质目标】

培养学生精益求精的学习态度以及对所做实验结果进行自我评价的能力。

【实训内容】

(一) 实验原理

维生素 B_2，又称为核黄素，是橘黄色无臭的针状结晶物质。维生素 B_2 易溶于水而不溶于乙醚等有机溶剂。在中性或酸性溶液中稳定，光照易分解，对热稳定。

维生素 B_2 水溶液在 $430 \sim 440$ nm 蓝光或紫外光照射下会发出绿色荧光，荧光峰在 535 nm，在 pH $6 \sim 7$ 的溶液中荧光强度最大，在 pH 11 的碱性溶液中荧光消失。

多维葡萄糖中含有的维生素 B_1、维生素 C、维生素 D_2 及葡萄糖均不干扰维生素 B_2 的测定。

维生素 B_2 在碱性溶液中经光线照射会发生光分解而转化为光黄素，后者的荧光比核黄素的荧光强得多。因此，测量维生素 B_2 的荧光时，溶液要控制在酸性范围内，且须在避光条件下进行。

(二) 仪器与试剂

(1) 仪器：Cary Eclipse 荧光分光光度计，1 cm 石英皿。

(2) 试剂：维生素 B_2 标准溶液 10.0 $\mu g/mL$，冰醋酸(AR)，多维葡萄糖粉试样。

(三) 操作步骤

1. 系列标准溶液的制备

取维生素 B_2 标准溶液(10.0 $\mu g/mL$)0.50 mL、1.00 mL、1.50 mL、2.00 mL、2.50 mL 分别置于 25 mL 的容量瓶中，各加入 2.0 mL 冰醋酸，去离子水稀释至刻度，摇匀。得浓度依次为 0.20 $\mu g/mL$、0.40 $\mu g/mL$、0.60 $\mu g/mL$、0.80 $\mu g/mL$、1.00 $\mu g/mL$ 的一系列维生素 B_2 标准溶液。待测。

2. 激发光谱和荧光发射光谱的绘制

设置 $\lambda_{em} = 540$ nm 为发射波长，在 $250 \sim 500$ nm 范围内扫描，记录荧光发射强度和激发波长的关系曲线，便得到激发光谱。从激发光谱图上可找出其最大激发波长 λ_{ex}。

从得到的激发光谱图中找出最大激发波长,在此激发波长下,在 $450\sim700$ nm 范围内扫描,记录发射强度与发射波长间的函数关系,便得到荧光发射光谱。从荧光发射光谱上找出其最大荧光发射波长 λ_{em}。

3. 标准曲线的绘制

在荧光分光光度计上,用 1 cm 荧光比色皿于最大激发波长、最大发射波长下测量标准系列溶液的荧光强度。

4. 多维葡萄糖粉中维生素 B_2 含量的测定

准确称取 $0.15\sim0.2$ g 多维葡萄糖粉试样,用少量水溶解后转入 50 mL 容量瓶中,加冰醋酸 2 mL,摇匀。在相同的测量条件下,测量其荧光强度。平行测定三次。

5. 实验记录及数据处理

以相对荧光强度为纵坐标,维生素 B_2 的质量为横坐标绘制标准曲线。从标准曲线上查出待测试液中维生素 B_2 的质量,并计算出多维葡萄糖粉试样中维生素 B_2 的百分含量。

(四) 注意事项

(1) 测定顺序要从稀到浓,以减小测量误差。

(2) 在测定荧光发射光谱时,扫描波长上限应注意小于激发波长的两倍,避免出现倍频峰。

(3) 荧光比色皿四面均透光,用手拿取时应拿棱边,避免碰到透光面。

(4) 在测定荧光发射光谱,选择最灵敏的激发光波长时,应避免倍频峰与所测波长重叠,导致所测结果不准。

(五) 思考题

(1) 试解释荧光光度法较吸收光度法灵敏度高的原因。

(2) 维生素 B_2 在 pH $6\sim7$ 时最强,本实验为何在酸性溶液中测定?

(3) 什么是荧光激发光谱? 如何绘制荧光激发光谱?

(4) 什么是荧光发射光谱? 如何绘制荧光发射光谱?

实训十七　荧光分光光度法测定水中石油类物质

【技能目标】

掌握系列溶液的配制、试样溶液制备的操作;标准曲线法仪器条件的设置操作;标准曲线的绘制、实验数据的记录和处理。

【知识目标】

(1) 掌握荧光分光光度法定量分析的理论依据;荧光测定标准溶液、试样溶液的配制的方法;标准曲线法定量原理,结果计算,标准曲线线性的评价方法。

（2）学习荧光分光光度法测定石油类物质的分析原理。

（3）了解荧光分光光度计的结构和使用方法。

【素质目标】

培养学生精益求精的学习态度以及对所做实验结果进行自我评价的能力。

【实训内容】

（一）实验原理

在 pH≤2 的条件下,用正己烷萃取样品中的油类物质,经无水硫酸钠脱水后,再用硅酸镁吸附除去动植物油类等极性物质,其中的石油类物质经激发光源照射,分子产生跃迁,当分子从激发态返回到基态的振动能级时,以荧光形式释放吸收的能量发出分子荧光。荧光强度在一定浓度范围内与石油类物质含量成正比。

（二）仪器与试剂

（1）仪器:Cary Eclipse 荧光分光光度计,1 cm 石英皿,离心机,水平振荡器。

（2）试剂:盐酸,分析纯。正己烷(C_6H_{14}),色谱纯。无水乙醇(C_2H_6O),分析纯。

无水硫酸钠(Na_2SO_4):于 550 ℃下灼烧 4 h,冷却后装入磨口玻璃瓶中,置于干燥器内储存。

硅酸镁($MgSiO_3$):60～100 目。于 550 ℃下灼烧 4 h,冷却后称取适量硅酸镁于磨口玻璃瓶中,根据硅酸镁的质量,按 6％（质量比）的比例加入适量蒸馏水,密塞并充分振荡数分钟,放置 12 h,备用。

石油类物质标准储备液:$\rho=1000$ mg/L。直接购买市售正己烷体系适用于荧光分光光度法测定的有证标准物质。

石油类物质标准使用液:$\rho=100$ mg/L。吸取 10.00 mL 石油类物质标准储备液于 100 mL 容量瓶中,用正己烷定容,摇匀,临用现配。

玻璃棉:用正己烷(5.2)浸洗并晾干,置于干燥玻璃瓶中,备用。

硅酸镁吸附柱:将内径 10 mm、长约 200 mm 的玻璃层析柱出口处填塞少量玻璃棉(5.8),再将硅酸镁(5.5)缓缓倒入玻璃层析柱中,边倒边轻轻敲打,填充高度约为 80 mm。

（三）操作步骤

1. 标准曲线建立

准确移取 0.00 mL、0.10 mL、0.50 mL、1.00 mL、5.00 mL 和 10.00 mL 石油类物质标准使用液于 6 个 50 mL 容量瓶中,用正己烷稀释至标线,摇匀。标准系列浓度分别为 0.00 mg/L、0.20 mg/L、1.00 mg/L、2.00 mg/L、10.0 mg/L 和 20.0 mg/L。在激发波长为 310 nm,发射波长为 360 nm 条件下,使用 1 cm 石英荧光比色皿,以

正己烷作为参比,测量荧光强度。以石油类物质的浓度(mg/L)为横坐标,以荧光强度为纵坐标,建立标准曲线。

2.试样制备

(1)萃取。

将样品全部转移至 500 mL 分液漏斗中,量取 25.0 mL 正己烷洗涤样品瓶后,全部转移至分液漏斗中。充分振摇 2 min,其间经常开启旋塞排气,静置分层后,将下层水相全部转移至 500 mL 量筒中,测量样品体积并记录。

(2)脱水。

将萃取液转移至已加入 3 g 无水硫酸钠的锥形瓶中,盖紧瓶塞,振摇数次,静置。若无水硫酸钠全部结块,需补加无水硫酸钠直至不再结块。

(3)吸附。

继续向萃取液中加入 3 g 硅酸镁,置于水平振荡器上,振荡 20 min,静置沉淀。在玻璃漏斗底部垫上少量玻璃棉,过滤,待测。

3.空白试样制备

以实验用水代替样品,按照试样的制备步骤制备空白试样。

4.试样的测定

按照与标准曲线建立的相同步骤进行试样的测定。

5.空白试样的测定

按照分析步骤进行空白试样的测定。

6.实验记录及数据处理

水中石油类的质量浓度按照公式(7-1)计算:

$$\rho(\text{mg/L}) = \frac{(A - A_0 - a) \times V_1}{b \times V} \tag{7-1}$$

式中:ρ——水中石油类物质的质量浓度,mg/L;A——试样的荧光强度;A_0——空白试样的荧光强度;a——标准曲线的截距;V_1——萃取液体积,mL;b——标准曲线的斜率;V——水样体积,mL。

(四) 注意事项

(1)测定的顺序要从稀到浓,以减小测量误差。

(2)在测定荧光发射光谱时,扫描波长上限应注意小于激发波长的两倍,避免出现倍频峰。

(3)荧光比色皿四面均透光,用手拿取时应拿棱边,避免碰到透光面。

(4)在测定荧光发射光谱,选择最灵敏的激发光波长时,应避免倍频峰与所测波长重叠,导致所测结果不准。

第八章　原子吸收光谱法

第一节　概　　述

一、原子吸收光谱法

原子吸收光谱(atomic absorption spectroscopy, AAS),又称原子分光光度法,是基于待测元素的基态原子蒸气对其特征谱线的吸收,由特征谱线的特征性和谱线被减弱的程度对待测元素进行定性定量分析的一种仪器分析方法。由于各种原子中电子的能级不同,有选择性地共振吸收一定波长的辐射光,这个共振吸收波长恰好等于该原子受激发后发射光谱的波长。当光源发射的某一特征波长的光通过原子蒸气时,即入射光的频率等于原子中电子由基态跃迁到较高能态(一般情况下是第一激发态)所需要的能量频率时,原子中外层电子将选择性地吸收其同种元素所发射的特征谱线,使入射光减弱。特征谱线因吸收而减弱的程度称为吸光度 A,在线性范围内与被测元素的浓度成正比:

$$A = KC$$

式中:K——常数;C——试样浓度;K 包含了所有的常数。此式即为原子吸收光谱法进行定量分析的理论基础。

二、原子吸收光谱仪的结构

原子吸收光谱仪由光源、原子化系统、分光系统、检测系统等部分组成。

(1)光源:产生原子吸收所需要的特征辐射的装置。对光源的要求:光强大,稳定,背景小,寿命长,价格便宜。光源的种类:空心阴极灯、无极放电灯。

(2)原子化系统:将试样中待测元素变成气态的基态原子的装置。

种类:火焰原子化器,无火焰原子化器。火焰原子化器包括雾化器、预混合室、燃烧器。火焰类型:空气-乙炔火焰,N_2O-乙炔火焰。

(3)分光系统(单色器):将待测元素的吸收线与邻近线分开的装置。组成:入射狭缝、出射狭缝和色散元件(棱镜或光栅)。

（4）检测系统：将吸收信号转变为电信号的装置。组成：检测系统有光电元件、放大器和显示装置等。主要部件：光电倍增管。

附属配件：

（1）高压气瓶：提供燃气（乙炔）。瓶内气体种类可通过瓶体的颜色识别，白色——乙炔；黑色——氮气（或高压空气）；绿色——氢气；灰色——氩气。

（2）减压阀：减压阀有两个压力表，一个指示瓶内压力，另一个指示出口压力。调节阀用于调节压力。

（3）空气压缩机：空气压缩机由电源开关、气体管路、压力表、压力调节阀组成。

三、原子吸收光谱仪分类

（1）单道单光束型：只有一个光源，一个单色器，一个显示系统，每次只能检测一种元素。特点：这类仪器简单，操作方便，体积小，价格低，能满足一般原子吸收分析的要求。

（2）单道双光束型：双光束型是指从光源发出的光被切光器分成两束强度相等的光，一束为样品光束通过原子化器被基态原子部分吸收；另一束只作为参比光束不通过原子化器，其光强度不被减弱。两束光被原子化器后面的反射镜反射后，交替进入同一单色器和检测器。检测器将接收到的脉冲信号进行光电转换，并由放大器放大，最后由读出装置显示。特点：能够消除光源的波动带来的影响。但不能消除火焰扰动和背景吸收影响。

（3）双道单光束型：仪器有两个不同光源，两个单色器，两个检测显示系统，而光束只有一路。特点：一次可测两种元素，并可进行背景扣除。

（4）双道双光束型：这类仪器有两个光源，两套独立的单色器和检测显示系统。但每一个光源发出的光都分为两个光束，一束为样品光束，通过原子化器；另一束为参比光束，不通过原子化器。这类仪器可以同时测定两种元素，能消除光源强度波动的影响及原子化系统的干扰，准确度高，稳定性好，但仪器结构复杂。

（5）多道原子吸收分光光度计：这类仪器分为双波道、四波道、六波道及十一波道几种类型，可以同时测定两种以上元素。几个波道就相当于几台原子吸收光谱仪器组装在一起，但仅共用一个原子化器，所有光道均通过它，故试样只需要原子化一次，可同时测定几种元素。其主要用于稀有试样分析，但仪器昂贵，调节困难。

四、原子吸收光谱仪的应用

原子吸收光谱仪已成为实验室的常用仪器，能分析 70 多种元素，广泛应用于石油化工、环境卫生、冶金矿山、材料、地质、食品、医药等各个领域中。

第二节　操作技能实训

实训十八　原子吸收光谱仪基本操作

【技能目标】

掌握仪器开机、关机操作，软件使用，点火操作，试样吸光度测定；掌握空气压缩机、乙炔钢瓶的压力调节，排风系统、空心阴极灯的安装、调试。

【知识目标】

(1) 掌握空心阴极灯的结构、原理、作用。

(2) 熟悉火焰原子化器的组成、作用。

(3) 了解原子吸收分析条件设置的内容；光谱带宽的概念。

【素质目标】

(1) 规范操作，注意安全，遵守实验室各项规章制度。

(2) 培养学生根据说明书学习新知识的能力；各种不同型号仪器的知识迁移能力，学会编写仪器规程。

(3) 了解仪器的日常维护保养及常见故障的判断、排除。

【实训内容】

(一) 实验原理

原子吸收光谱是基于待测元素的基态原子蒸气对其特征谱线的吸收，由特征谱线的特征和谱线被减弱的程度对待测元素进行定性定量分析的一种方法。试液喷射成细雾与燃气混合后进入燃烧的火焰中，被测元素在火焰中转化为原子蒸气。气态的基态原子吸收从光源发射出的与被测元素吸收波长相同的特征谱线，使该谱线的强度减弱，再经分光系统分光后，由检测器接收。产生的电信号，经放大器放大，由显示系统显示吸光度或光谱图。

(二) 仪器与试剂

(1) 仪器：AA240原子吸收光谱仪(瓦里安)，空气压缩机，铜空心阴极灯，乙炔钢瓶。

(2) 试剂：硝酸(优级纯)，乙炔气(高纯)。

(三) 操作步骤

(1) 安装空心阴极灯。

（2）打开主机电源。

（3）接通电源，打开电脑。

（4）打开空气压缩机，调节出口压力为 0.3 MPa。

（5）打开乙炔钢瓶，调节出口压力为 0.05 MPa。

（6）启动 SpectrAA 软件，进入仪器页面，单击工作表格"新建……"，出现新工作表格窗口，在此输入方法名称，并按确定，进入工作表格的建立页面。

（7）按添加方法，在"添加方法……"窗口里，选择要分析的元素（注意方法类型），按确定。重复此步，直到选择完所有待分析元素。

（8）按"编辑方法"进入方法窗口。

• 类型/模式中，将每一个元素进样模式选为手动，并注意火焰类型是否为软件默认的类型，否则需更改为与仪器使用的火焰类型一致（从窗口下边进行元素切换）。

• 在光学参数中，设定并对应好每一种元素的灯位（从窗口下边进行元素切换）。

• 在标样中，输入每一种元素的标样浓度（从窗口下边进行元素切换）。

• 按"确定"，结束方法编辑。

• 如果以多元素快速序列分析，按"快速多元素 FS……"，进入 FS 向导，一直按"下一步"，直至"完成"。

• 按"分析"进入工作表格的分析页面。

• 按"选择"，选择要分析的样品标签（使要分析的标签变红），此时，开始或继续按钮将变实。再按"选择"，确认所选择的内容。

• 按"优化"，选择要优化的方法后按确定，并按提示进行操作，确保每一种元素灯安装和方法设定一致。优化完毕后，按"取消"完成优化。

• 按"开始"，按软件提示进行点火，检查，并按软件提示安装灯，切换灯位以及提供空白，标样和样品溶液。直至完成分析。

（9）报告。

• 单击视窗报告，进入报告工作窗口的工作表格页面。

• 选择刚才分析的方法表格名称，按"下一步"进入选择页面。

• 选择所分析的标签范围，按"下一步"进入设置页面。

• 设置所需要报告的内容，再按"下一步"进入报告页面。

（10）按"打印报告……"，打印完毕，按关闭，返回工作报告窗口。

（11）检查排水装置。

（12）点火。

（13）样品测定。

（14）结束工作，按相反顺序关机，并填写仪器使用记录。

（四）注意事项

（1）乙炔为易燃、易爆气体，必须严格按照实验步骤进行操作。在点燃乙炔火焰之前,应先开空气,然后开乙炔气;结束或暂停实验时,应先关乙炔气,再关空气。切记,以保证安全。

(2) 乙炔气钢瓶为左旋开启,开瓶时,必须慢慢开启,否则冲出气流会使温度过高,易引起燃烧或爆炸。

(五) 思考题

(1) 何为原子吸收光谱法?

(2) 原子吸收光谱仪由哪几部分组成? 各部分的作用是什么?

实训十九　火焰原子吸收光谱测定水中的铜

【技能目标】

掌握系列溶液的配制、试样溶液制备的操作;标准曲线法仪器条件的设置操作;标准曲线的绘制、实验数据的记录和处理。

【知识目标】

掌握原子吸收定量分析的理论依据;原子吸收测定标准溶液、试样溶液的配制方法;标准曲线法定量原理,结果计算,标准曲线线性评价的方法。

【素质目标】

培养学生精益求精的学习态度以及对所做实验结果进行自我评价的能力。

【实训内容】

(一) 实验原理

待测元素的空心阴极灯发出待测元素的特征光谱辐射,可被火焰原子化器产生的样品蒸气中待测元素的基态原子吸收,通过测量特征光谱辐射被吸收的大小,算出待测元素的含量。

(二) 仪器与试剂

(1) 仪器:AA240 原子吸收分光光度计(瓦里安),空气压缩机,铜空心阴极灯,乙炔气钢瓶。

(2) 试剂:硝酸(优级纯),乙炔气(高纯)。铜标准溶液:100 μg/mL,基体:1% HNO_3,100 μg/mL 铜标准储备液。

(三) 实验步骤

1. 配制标准溶液

分别移取上述标准溶液 0.0 mL、0.5 mL、1.0 mL、1.5 mL、2.0 mL、2.5 mL 于

100 mL 容量瓶中,用 1% 的 HNO_3 溶液稀释至刻度,其浓度分别为 0.0 $\mu g/mL$、0.5 $\mu g/mL$、1.0 $\mu g/mL$、1.5 $\mu g/mL$、2.0 $\mu g/mL$、2.5 $\mu g/mL$。

2. 样品预处理

取 100 mL 水样放入 200 mL 烧杯中,加入硝酸 5 mL,在电热板上加热消解。加热蒸发至 10 mL 左右,加入 5 mL 硝酸和 2 mL 高氯酸,继续消解,至 1 mL 左右,然后定容至 5 mL,作为待测溶液。

3. 校准曲线

吸收标准溶液 0 mL、0.5 mL、1.00 mL、3.00 mL、5.00 mL、10.00 mL,分别放入 6 个 100 mL 容量瓶中,用 0.2% 硝酸稀释定容。按参数选择分析线和调节火焰。仪器用 0.2% 硝酸调零,吸入空白样和试样,测量其吸光度,以铜浓度为横坐标,吸光度为纵坐标,绘制标准曲线。

4. 样品测定

取待测溶液,按标准曲线测定的步骤测量吸光度,扣除空白样吸光度后,从校准曲线上查出试样中的金属浓度。也可以从仪器上读出。

5. 计算

$$C_{Cu}(mg/L)=\frac{V_1 C}{V_2}$$

式中:C_{Cu}——从校准曲线上查出或仪器直接读出的铜的浓度,$\mu g/mL$;V_1——分析用的水样体积,mL;V_2——所取水样体积。

(四) 注意事项

(1) 乙炔为易燃、易爆气体,必须严格按照实验步骤进行操作。在点燃乙炔火焰之前,应先开空气,然后开乙炔气;结束或暂停实验时,应先关闭乙炔气,再关空气。切记,以保证安全。

(2) 乙炔气钢瓶为左旋开启,开瓶时,必须慢慢开启,否则冲出的气流会使温度过高,易引起燃烧或爆炸。

(五) 思考题

(1) 为什么要用空白液调零?

(2) 为什么点燃火焰前,必须先开助燃气,后开燃气;而在结束时,要先关燃气,后关助燃气?

(3) 在原子吸收分光光度法中,为什么要用待测元素的空心阴极灯作光源? 能否用氘灯或钨灯代替? 为什么?

实训二十　原子吸收标准加入法测定废水中的铁

【技能目标】

掌握标准加入系列溶液的配制操作;标准加入法仪器条件的设置;标准加入法定量特点、原理、结果计算、使用范围、操作注意事项。

【知识目标】

掌握原子吸收测定标准加入系列溶液的配制方法;标准加入法定量特点、原理、结果计算、使用范围、操作注意事项。标准加入法工作曲线的绘制、实验数据的记录、结果计算。

【素质目标】

培养学生精益求精的学习态度以及对所做实验结果进行自我评价的能力。

【实训内容】

(一) 实验原理

标准加入法工作曲线的绘制(样品浓度确定):吸取试液四份,第一份不加待测元素标准溶液;从第二份开始,依次按比例加入不同量待测元素标准溶液,用溶剂稀释至同一体积,以空白为参比,在相同测量条件下,分别测量各份试液的吸光度,绘制工作曲线,并将其外推至浓度轴,在浓度轴上的截距,即为未知浓度 C_x。

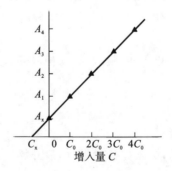

(二) 仪器与试剂

(1) 仪器:AA240 原子吸收分光光度计(瓦里安),空气压缩机,铁空心阴极灯,乙炔气钢瓶。

（2）试剂：硝酸（优级纯），乙炔气（高纯），1‰ HNO_3，100 $\mu g/mL$ 铁标准储备液，待测样品溶液。

（三）实验操作

1. 配制标准溶液

取 5 个 50 mL 的容量瓶，分别加入 25 mL 的待测样品溶液，分别加入 0.00 mL、0.50 mL、1.00 mL、1.50 mL、2.00 mL、100 $\mu g/mL$ 铁标准储备液，定容至 50 mL。

2. 开机

（1）按正常的开机顺序打开原子吸收光谱仪，安装铁空心阴极灯。

（2）设定仪器条件：测量波长 248.38 nm；光谱带宽 0.2 nm；空心阴极灯电流 4 mA；乙炔流量 2300 mL/min；燃烧器高度 10 mm。点火预热 20 min。

（3）样品参数设置：浓度、浓度单位、测量方法——标准加入法。

（4）点火测量：条件设置完成后点击"测量"。

①吸入空白溶液"校零"。

②吸入标准系列溶液测定吸光度。

③测量完成显示标准曲线。

④显示样品浓度。

⑤打印或保存测量数据。

3. 数据处理

绘制铁浓度增量-吸光度（A_x、A_1、A_2…A_5）工作曲线，将工作曲线外推至浓度轴，在浓度轴上的截距，即为待测液浓度 C_x，从而计算出试样中铜的百分含量。

4. 关机

（四）注意事项

（1）待测元素的浓度应在此线性范围之内。

（2）第二份中加入的标准溶液的浓度与试样的浓度应当接近，以免曲线的斜率过大或过小，使测定误差较大。

（3）为了保证得到较为准确的外推结果，至少应采用四个点来绘制外推曲线。

（五）思考题

（1）标准曲线法与标准加入法定量分析各有什么优点？在什么情况下采用这些方法？

（2）若水样中铜的含量很高，超出工作曲线的线性范围，这时应如何利用标准加入法定量分析？

实训二十一　原子吸收测定最佳实验条件的选择

【技能目标】

掌握火焰原子吸收法最佳实验条件的选择原则及操作方法;掌握干扰消除的方法及实验方法的验证方法;学会评价分析条件的优劣。

【知识目标】

(1) 掌握原子吸收干扰的类型及消除方法。

(2) 了解实验条件对测定的灵敏度、准确度的影响和干扰情况,以及最佳实验条件的选择。

【素质目标】

培养学生精益求精的科学态度、开拓创新的科学精神以及对工作过程的自我控制和管理能力。

【实训内容】

(一) 实验原理

在原子吸收分析中,测定条件的选择,对测定的灵敏度、准确度等均有很大影响。

1. 分析线

通常选择共振线作为分析线,使测定有较高的灵敏度。但为了消除干扰,可选择灵敏度较低的谱线。分析高浓度样品时,也可采用灵敏度较低的谱线,以便得到适中的吸光度。

2. 灯电流

使用空心阴极灯时,灯电流不能超过允许的最大工作电流值。灯的工作电流过大,易产生自吸(蚀)作用,多普勒效应增加,谱线变宽,测定灵敏度降低,工作曲线弯曲,灯的寿命缩短。灯电流低,谱线增宽小,灵敏度高。但灯电流过低,发光强度减弱,发光不稳定,信噪比下降。在保证稳定和适当光强输出情况下,尽可能选用较低的灯电流。

3. 燃气和助燃比

燃气和助燃比的改变,直接影响测定的灵敏度。助燃比小于 1：6 的贫燃焰,燃烧充分,温度较高,还原性差,适合不易氧化的元素测定。燃助比大于 1：3 的富燃焰,燃烧充分,温度较前者低,噪声较大,火焰呈还原气氛,适合易形成难熔氧化物的元素测定。燃助比为 1：4 的化学计量焰,温度较高,火焰稳定,背景低,噪声小,多数元素分析常用这种火焰。

4. 原子化器高度

被测元素基态原子的浓度,随着火焰高度的不同而不同,分布不均匀。因为火焰高度不同,火焰温度和还原气氛不同,基态原子浓度也不同。

5. 狭缝宽度

原子吸收测定中,光谱干扰较小,测定时可以使用较宽的狭缝,增加光强,提高信噪比。对谱线复杂的元素,如铁族、稀土等,要采用较小的狭缝,否则工作曲线弯曲。过小的狭缝使光强减弱,信噪比变差。

(二) 仪器与试剂

(1) 仪器:AA240 瓦里安原子吸收光谱仪,锌空心阴极灯,空气压缩机,乙炔气钢瓶。

(2) 试剂:锌储备液 100 $\mu g/mL$;硝酸(优级纯)。

(三) 实验步骤

1. 实验溶液的配制

由 100 $\mu g/mL$ 锌标准溶液配制 0.00 $\mu g/mL$、0.20 $\mu g/mL$、0.40 $\mu g/mL$、0.60 $\mu g/mL$、0.80 $\mu g/mL$、1.00 $\mu g/mL$ 的锌标准系列溶液各 50 mL。用 1% 硝酸溶液稀释至标线,摇匀。

2. 仪器的调节

(1) 开启仪器电源开关、灯电源开关,预热锌空心阴极灯,调节灯座的高低、前后、左右的位置,使接收器得到最大的光强。

(2) 在 213.9 nm 附近,调节波长直至观察到透光度的最大值。若透光度超过 100%,可降低高压,使透光度回到 100% 以内。

(3) 调节燃烧器位置。在燃烧器上方放一张白纸,调节燃烧器前后位置,使光轴与燃烧器的燃烧缝平行并在同一垂面。将对光棒(或火柴棒)垂直于缝中央,透光度从 100% 变为 0,否则调整前后位置。再把对光棒插于缝的两端,透光度大致相等(约为 30%),否则适当改变燃烧器的转角。

3. 点燃火焰

(1) 开启空气压缩机,打开仪器上助燃气压表,调至压力为 0.3 MPa 左右。

(2) 开启乙炔气钢瓶,调节减压阀使乙炔输出压力为 0.07 MPa 左右。调节仪器上燃气压力表,使其压力为 0.05 MPa 左右。

(3) 先开启仪器面板上助燃气流量计开关,再打开乙炔流量计开关,立即点火,火焰点燃后,调节空气和乙炔流量的比例,用去离子水喷雾。

4. 最佳实验条件的选择

(1) 分析线:根据对试样分析灵敏度的要求、干扰的情况,选择合适的分析线。

试液浓度低时,选择灵敏线;试液浓度较高时,选择次灵敏线,并要选择没有干扰的谱线。

(2) 空心阴极灯的工作电流选择:喷雾所配制的实验溶液,每改变一次灯电流,记录对应的吸光度。每测定一个数值前,必须先喷入蒸馏水调零(以下实验均相同)。

(3) 燃助比选择:固定其他实验条件和助燃气流量,喷入实验溶液,改变燃气流量,记录相应的吸光度。

(4) 燃烧器高度选择:喷入实验溶液,改变燃烧器的高度,逐一记录对应的吸光度。

(5) 光谱通带选择:一般元素的光谱通带为 0.5～4.0 nm。对谱线复杂的元素,如铁、钴、镍等,采用小于 0.2 nm 的光谱通带,可将共振线与非共振线分开。光谱通带过小使光强减弱,信噪比降低。

5. 结束实验

(1) 实验结束后,喷入蒸馏水 3～5 min,先关乙炔气,再关空气。

(2) 关闭灯电流开关、记录仪及总电源开关。

(3) 清理实验台面,盖好仪器罩,填好仪器使用登记卡。

6. 结果处理

(1) 绘制吸光度-灯电流曲线,找出最佳灯电流。

(2) 绘制吸光度-燃气流量曲线,找出最佳燃助比。

(3) 绘制吸光度-燃烧器高度曲线,找出燃烧器最佳高度。

(四) 注意事项

(1) 乙炔气钢瓶阀门旋开不超过 1.5 转,否则丙酮逸出。

(2) 实验时,要打开通风设备,使金属蒸气及时排出室外。

(3) 点火时,先开空气,后开乙炔气。熄火时,先关乙炔气,后关空气。室内若有乙炔气味,应立即关闭乙炔气源,通风,排除问题后,再继续进行实验。

(五) 思考题

(1) 如何选择最佳实验条件? 实验时,若条件发生变化,对结果有何影响?

(2) 为什么原子吸收分光光度计中单色器位于火焰之后,而紫外-可见分光光度计单色器位于试样室之前?

第九章 原子荧光光谱法

第一节 概 述

一、原子荧光光谱法概述

原子荧光光谱分析法(AFS)是利用原子荧光谱线的波长和强度进行物质的定性及定量分析的方法,是分析介于原子发射光谱(AES)和原子吸收光谱(AAS)之间的光谱技术。原子蒸气吸收特征波长的光辐射之后,原子被激发至高能级,在跃迁至低能级的过程中,原子所发射的光辐射称为原子荧光。

二、原子荧光光谱仪结构

原子荧光光谱仪的组成结构包含激发光源、单色器、原子化器、检测系统、显示装置等,原子荧光光谱法具有设备简单、各元素相互之间的光谱干扰少、检出限低、灵敏度高、工作曲线线性范围宽和多元素可以同时测定等优点,是一种具有潜力的痕量分析方法。

(1)激发光源:用来激发原子使其产生原子荧光。光源分连续光源和锐线光源。连续光源一般采用高压氙灯,功率可高达数百瓦。

(2)单色器:产生高纯单色光的装置,其作用为选出需要测量的荧光谱线,排除其他光谱线的干扰。

(3)原子化器:氢化物发生原子化器由氢化物发生器和原子吸收池组成,可用于砷、锗、铅、镉、硒、锡、锑等元素的测定。其功能是将待测元素在酸性介质中还原成低沸点、易受热分解的氢化物,再由载气导入由石英管、加热器等组成的原子吸收池,在吸收池中氢化物被加热分解,并形成基态原子。

(4)检测系统:常用的检测器为光电倍增管。在多元素原子荧光分析仪中,也用光导摄像管、析像管做检测器。检测器与激发光束成直角,以避免激发光源对检测原子荧光信号的影响。

(5)显示装置:显示测量结果的装置,可以是电表、数字表、记录仪、打印机等。

三、原子荧光光谱仪分类

原子荧光光谱仪分非色散型原子荧光分析仪与色散型原子荧光分析仪。这两类仪器的结构基本相似,差别在于单色器部分。

四、原子荧光光谱分析法的应用

原子荧光光谱分析法具有设备简单、灵敏度高、光谱干扰少、工作曲线线性范围宽、可以进行多元素测定等优点,在地质、冶金、石油、生物医学、地球化学、材料和环境科学等各个领域内获得广泛的应用。

第二节　操作技能实训

实训二十二　乳制品中总砷的测定

【技能目标】

掌握系列溶液的配制、试样溶液制备的操作;标准曲线法仪器条件的设置操作;标准曲线的绘制、实验数据的记录和处理。

【知识目标】

(1) 掌握原子荧光测定标准溶液、试样溶液的配制方法;标准曲线法定量原理,结果计算,标准曲线线性评价的方法。

(2) 了解测定食品中硒含量的意义。

【素质目标】

培养学生精益求精的学习态度以及对所做实验结果进行自我评价的能力。

【实训内容】

(一) 实验原理

试样经消解后,加入硫脲使五价砷还原为三价砷,再加入硼氢化钠或硼氢化钾使其还原成砷化氢,由氩气载入石英原子化器中分解为原子态砷,在特制砷空心阴极灯的发射光激发下产生原子荧光,其荧光强度在固定条件下与被测液中的砷浓度成正比,与标准系列比较定量。

(二) 仪器与试剂

(1) 仪器:海天 9700 原子荧光光度计(砷空心阴极灯),新仪 MDS-6G 微波消解仪。

（2）试剂：盐酸（优级纯），硝酸（优级纯），过氧化氢（30%），氢氧化钠（氢氧化钾）溶液（5 g/L），硼氢化钠（硼氢化钾）溶液：称取硼氢化钠（硼氢化钾）10.0 g，溶于1000 mL 氢氧化钠（氢氧化钾）溶液（5 g/L）中，混匀。此溶液置于冰箱冷藏可保存 10 天。载流液 5%HCl（体积比）：量取 50 mL 浓盐酸（优级纯），用去离子水定容至 1000 mL。5%硫脲＋5%抗坏血酸混合溶液：称取硫脲、抗坏血酸各 5 g 溶于 100 mL 水中，现配现用。砷标准使用液（100 μg/L）：吸取 1 mL 浓度为 1000 μg/mL 的标准储备液于 100 mL 容量瓶中，用 5%硝酸定容至刻度，浓度为 10 μg/mL。吸取 1 mL 浓度为 10 μg/mL 的标准使用液于 100 mL 容量瓶中，用 5%盐酸定容至刻度，浓度为 100 μg/L。现配现用。所用玻璃仪器均需以硝酸（1：5）浸泡过夜，用水反复冲洗，最后用去离子水冲洗干净。

（三）操作步骤

1. 试样消解

称取 0.5 g 奶样于消解罐中，加硝酸（优级纯）3 mL，过氧化氢（30%）2 mL，按设定程序微波消解。消解结束后取出冷却，将消解好的样品转移至 25 mL 容量瓶中，并用超纯水多次润洗，然后再加入 5 mL 硫脲-抗坏血酸（5%），用超纯水定容至刻度。静置 30 min，取上清液待测。同时做空白实验。

2. 空白实验

采用和试样消解相同的试剂和步骤，制备全程序空白溶液。

3. 仪器条件

根据各自仪器性能调至最佳。测定砷的工作条件见表 9-1。

表 9-1　测定砷的工作条件

仪器工作条件参数	As
光电倍增管负高压/V	270
空心阴极灯电流/mA	60
辅阴极电流/mA	30
原子化器高度/mm	8
屏蔽气（Ar）流量/(mL·min^{-1})	800
载气流量/(mL·min^{-1})	300
延迟时间/s	1
积分时间/s	10
积分方式	峰面积
测定方式	标准曲线法

4. 标准曲线绘制

选取表 9-2 中 7 个合适的浓度，以砷的浓度为横坐标，荧光强度为纵坐标绘制标准曲线。

表 9-2　标准使用液浓度表

标准使用液	硫脲＋抗坏血酸	定容体积	最终浓度
0.00 mL			0.00 μg/L
0.50 mL			0.50 μg/L
1.00 mL			1.00 μg/L
2.00 mL	10 mL	50 mL	2.00 μg/L
4.00 mL			4.00 μg/L
8.00 mL			8.00 μg/L
10.00 mL			10.00 μg/L

5. 测定

将仪器调节至最佳工作条件，在还原剂和载液的带动下，测定标准系列各点的荧光强度，然后依次测定样品空白、试样的荧光强度，代入标准曲线，计算试样中砷的含量。

（四）注意事项

（1）容量瓶等玻璃器皿均用稀硝酸浸泡冲洗后使用，防止污染。

（2）处理好的待测样品必须用硫脲-抗坏血酸预先还原五价砷至三价。

（五）思考题

（1）简述影响原子荧光测定的因素。

（2）原子荧光光谱仪与原子吸收分光光度计在结构上主要有哪些不同点？

实训二十三　食品中总硒的测定

【技能目标】

（1）学会湿法消化样品的操作；原子荧光光度计的操作技术。

（2）掌握标准曲线的绘制、实验数据的记录和处理。

【知识目标】

掌握原子荧光吸收定量分析的理论依据；原子荧光测定标准溶液、试样溶液的配制方法；标准曲线法定量原理，结果计算，标准曲线线性评价的方法。

【素质目标】

培养学生精益求精的学习态度以及对所做实验结果进行自我评价的能力。

【实训内容】

(一) 实验原理

利用硼氢化钠作为还原剂,将四价硒在盐酸介质中还原为硒化氢(SeH_2),由载气带入原子化器中进行原子化,在硒特制空心阴极灯照射下,基态硒原子被激发至高能态,再去活化回到基态时,发射出特征波长的荧光,其荧光强度与硒含量成正比,从而检测出硒在食品中的含量。

(二) 仪器与试剂

(1) 仪器:海天 9700 原子荧光光度计(硒空心阴极灯),电热板。所用玻璃仪器均需以硝酸(1:5)浸泡过夜,用水反复冲洗,最后用去离子水冲洗干净。

(2) 试剂:盐酸(优级纯),硝酸(优级纯),过氧化氢(30%)。氢氧化钠(氢氧化钾)溶液(5 g/L),硼氢化钠(硼氢化钾)溶液:称取硼氢化钠(硼氢化钾)10.0 g,溶于 1000 mL 氢氧化钠(氢氧化钾)溶液(5 g/L)中,混匀。此溶液置于冰箱冷藏可保存 10 天。载流液 5%HCl(体积比):量取 50 mL 浓盐酸(优级纯),用去离子水定容至 1000 mL。硒标准储备液制备(100 μg/mL):称取 0.100 g 高纯硒粉于 1000 mL 容量瓶中,溶于少量硝酸中,加入 2 mL 高氯酸,置于沸水浴中加热 3～4 h,冷却后再加 8.4 mL 盐酸,再置于沸水浴中煮 2 min,用蒸馏水准确稀释至 1000 mL,摇匀。铁氰化钾溶液(100 g/L)制备:称取 10.0 g 铁氰化钾($K_3Fe(CN)_6$),溶于 100 mL 容量瓶中,摇匀。混合酸:将硝酸与高氯酸按 9:1 体积混合。

(三) 操作步骤

1. 试样消解

称取 0.5～2 g(精确至 0.001 g)试样,液体试样吸取 1.00～10.00 mL,置于高脚烧杯中,加 10.0 mL 混合酸及几粒玻璃珠,盖上表面皿冷消化过夜。次日于电热板上加热,并及时补加硝酸。当溶液变为清亮无色并伴有白烟时,再继续加热至剩余体积为 2 mL 左右,切不可蒸干。冷却,再加 5.0 mL 盐酸(6 mol/L),继续加热至溶液变为清亮无色并伴有白烟出现,将六价硒还原成四价硒。冷却,转移至 50 mL 容量瓶中定容,混匀备用。同时做空白实验。

2. 标准溶液的配制

分别取 0.0 mL、0.1 mL、0.2 mL、0.3 mL、0.4 mL、0.5 mL 标准应用液于 25 mL 比色管中,分别加 6 mol/L 盐酸 4 mL,铁氰化钾 1 mL,混匀,用去离子水定容至 25 mL,待测。

3. 空白实验

采用和试样消解相同的试剂和步骤,制备全程序空白溶液。

4. 未知液中硒含量的测定

从容量瓶的样品中移取 10.0 mL 未知液于 25 mL 比色管中,再分别加 6 mol/L 盐酸 4 mL,铁氰化钾 1 mL,用二次蒸馏水稀释至刻度,摇匀,待测。根据各自仪器性能调至最佳。在还原剂和载液的带动下,测定标准系列各点的荧光强度,然后依次测定样品空白、试样的荧光强度,代入标准曲线,计算试样中硒的含量。

(四) 注意事项

(1) 在开启仪器前,一定要注意开启载气。

(2) 一定要注意各泵管无泄漏,定期向泵管和压块间滴加硅油。

(3) 实验时注意气液分离器中不要有积液,以防止溶液进入原子化器。

(4) 在测试结束后,一定要在空白溶液杯和还原剂容器内加入蒸馏水,运行仪器清洗管道,关闭载气,并打开压块,放松泵管。

(5) 从自动进样器上取下样品盘,清洗样品管及样品盘,防止样品盘被腐蚀。

(6) 硒的检测属于痕量分析,要求整个实验空白要低,实验中要严格控制污染。

(7) 湿法消化样品时,切勿烧干。消化时小心操作,防止被浓酸灼伤。

(五) 思考题

(1) 湿法消化样品的优缺点有哪些?

(2) 加入铁氰化钾的作用是什么?

第十章　气相色谱法

第一节　概　　述

一、气相色谱法概述

气相色谱法(GC)是英国生物化学家 Martin 等人在研究液液分配色谱的基础上,于 1952 年创立的一种极为有效的分离方法,它可分析和分离复杂的多组分混合物。

目前由于使用了高效能的色谱柱,高灵敏度的检测器及微处理机,气相色谱法成为一种分析速度快、灵敏度高、应用范围广的分析方法。如气相色谱与质谱联用(GC-MS)、气相色谱与 Fourier 红外光谱联用(GC-FTIR)、气相色谱与原子发射光谱联用(GC-AES)等。

二、气相色谱仪的分离原理

气相色谱仪以气体作为流动相(载气)。样品由微量注射器"注射"进入进样器后,被载气携带进入填充柱或毛细管色谱柱。由于样品中各组分在色谱柱中的流动相(气相)和固定相(液相或固相)间分配或吸附系数的差异,在载气的冲洗下,各组分在两相间做反复多次分配使各组分在柱中得到分离,然后用接在柱后的检测器根据组分的物理化学特性将各组分按顺序检测出来。检测器对每个组分所给出的信号,在记录仪上表现为一个个的峰,称为色谱峰。色谱峰上的极大值是定性分析的依据,而色谱峰的面积则取决于对应组分的含量,故峰面积是定量分析的依据。一个混合物样品注入后,由记录仪记录得到的曲线,称为色谱图。分析色谱图就可以得到定性分析和定量分析结果。

三、气相色谱仪仪器构造

1. 载气系统

载气系统包括气源、净化干燥管和载气流速控制及气体化装置,是一个载气连续运行的密闭管路系统。通过该系统可以获得纯净的、流速稳定的载气。它的气密性、流量测量的准确性及载气流速的稳定性,都是影响气相色谱仪性能的重要因素。气相色谱中常用的载气有氢气、氮气、氩气,纯度要求 99% 以上,化学惰性好,不与有关物质反应。载气的选择除了要求考虑对柱效的影响外,还要与分析对象和所用的检测器相配。

2. 进样系统

进样系统包括进样器、汽化室、加热系统。①进样器:根据试样的不同状态,采用不同的进样器。液体样品的进样一般采用微量注射器。气体样品的进样常用气相色谱仪本身配置的推拉式六通阀或旋转式六通阀。固体试样一般先溶解于适当试剂中,然后用微量注射器进样。②汽化室:汽化室一般由一根不锈钢管制成,管外绕有加热丝,其作用是将液体或固体试样瞬间汽化为蒸气。为了让样品在汽化室中瞬间汽化而不分解,因此要求汽化室热容量大,无催化效应。③加热系统:用以保证试样汽化,其作用是将液体或固体试样在进入色谱柱之前瞬间汽化,然后快速定量地转入色谱柱中。

3. 分离系统(色谱柱)

分离系统是色谱仪的心脏部分。其作用就是把样品中的各个组分分离开来。分离系统由柱室、色谱柱、温控部件组成。其中色谱柱是色谱仪的核心部件。色谱柱主要有两类:填充柱和毛细管柱(开管柱)。柱材料包括金属、玻璃、融熔石英、聚四氟乙烯等。色谱柱的分离效果除与柱长、柱径和柱形有关外,还与所选用的固定相和柱填料的制备技术以及操作条件等许多因素有关。

4. 温度控制系统

温度控制系统主要对汽化室、色谱柱、检测器三处的温度进行控制。汽化室要保证液体试样瞬间汽化;色谱柱室要准确控制分离需要的温度,当试样组分较复杂时,分离室温度需要按一定程序控制温度变化,使各组分在最佳温度下分离;检测器要使被分离后的组分通过时不在此冷凝。控温方式分恒温和程序升温两种。①恒温:对于沸程不太宽的简单样品,可采用恒温模式。一般的气体分析和简单液体样品分析采用恒温模式。②程序升温:所谓程序升温,是指在一个分析周期里色谱柱的温度随时间由低到高呈线性或非线性变化,使沸点不同的组分,在各自最佳柱温下流出,从而改善分离效果,缩短分析时间。对于沸程较宽的复杂样品,如果在恒温下很难达到好的分离效果,应使用程序升温方法。

5. 检测系统

检测器是将经色谱柱分离出的各组分的浓度或质量(含量)转变成易被测量的电信号(如电压、电流等),并进行信号处理的一种装置,是色谱仪的眼睛。通常由检测元件、放大器、数模转换器三部分组成。被色谱柱分离后的组分依次进入检测器,其浓度或质量随时间的变化被转化成相应电信号,经放大后记录和显示,绘出色谱图。检测器性能的好坏将直接影响到色谱仪最终分析结果的准确性。根据检测器的响应原理,可将其分为浓度型检测器和质量型检测器。① 浓度型检测器:测量的是载气中组分浓度的瞬间变化,即检测器的响应值正比于组分的浓度。如热导检测器、电子捕获检测器。② 质量型检测器:测量的是载气中所携带的样品进入检测器的速度变化,即检测器的响应值正比于单位时间内组分进入检测器的质量。如氢焰离子化检测器和火焰光度检测器。

6. 记录系统

记录系统记录检测器的检测信号,并对数据进行定性定量分析。一般采用自动平衡式电子电位差计进行记录,绘制出色谱图。一些色谱仪配备有积分仪,可测量色谱峰的面积,直接提供定量分析的准确数据。先进的气相色谱仪还配有电子计算机,能自动对色谱分析数据进行处理。

四、气相色谱法的应用

气相色谱法是以气体为流动相的色谱分析方法,主要用于分离分析易挥发的物质。气相色谱法已成为极为重要的分离分析方法之一,在医药卫生、石油化工、环境监测、生物化学等领域得到广泛的应用。气相色谱仪具有高灵敏度、高效能、高选择性、分析速度快、所需试样量少、应用范围广等优点。

(1) 石油化工分析:原油分析,炼厂气分析,油品分析,油品添加剂分析等。

(2) 环境分析:大气污染分析,饮用水分析,水资源分析,土壤分析等。

(3) 食品分析:农药残留分析,香精香料分析,食品添加剂分析等。

(4) 药物和临床分析:血液中乙醇、麻醉剂及氨基酸的分析,某些挥发性药品的分析。

第二节　操作技能实训

实训二十四　混合芳烃中各组分的百分含量测定

【技能目标】

(1) 掌握气相色谱仪的操作方法。掌握气相色谱法中内标法测定药物含量的基本操作技术。

(2) 能正确记录数据、分析色谱图、计算数据。

【知识目标】

(1) 掌握气相色谱法中内标法测定药物含量的基本方法和操作技术;气相色谱的归一化定量分析法;利用保留值定性的方法。

（2）了解气相色谱仪的组成、工作原理以及使用方法。

【素质目标】

培养学生精益求精的学习态度以及对所做实验结果进行自我评价的能力。

【实训内容】

（一）实验原理

气相色谱法是利用试样中各组分在气相和固定液两相间的分配系数不同将混合物分离、测定的仪器分析方法，特别适用于分析含量少的气体和易挥发的液体。当汽化后的试样被载气带入色谱柱中运行时，组分就在其中的两相间进行反复多次分配，由于固定相对各组分的吸附或溶解能力不同，因此各组分在色谱柱中的运行速度就不同，经过一定的柱长后，便彼此分离，按流出顺序离开色谱柱进入检测器，在记录器上绘制出各组分的色谱峰——流出曲线。在色谱条件一定时，任何一种物质都有确定的保留参数，如保留时间、保留体积及相对保留值等。因此，在相同的色谱操作条件下，通过比较已知纯样和未知物的保留参数或在固定相上的位置，即可确定未知物为何种物质。测量峰高或峰面积，采用外标法、内标法或归一化法，可确定待测组分的质量分数。

归一化法定量分析过程如下：假设试样中有 n 个组分，每个组分的质量分别为 $m_1, m_2 \cdots m_n$，各组分含量的总和 m 为 100%，其中组分 i 的质量分数 ω_i 为

$$\omega_i = \frac{m_i}{m} \times 100\%$$

$$= \frac{m_i}{m_1 + m_2 + \cdots m_n} \times 100\% = \frac{A_i f_i}{A_1 f_1 + A_2 f_2 + \cdots + A_n f_n} \times 100\%$$

（二）仪器与试剂

（1）仪器：Agilent 6890N GC 气相色谱仪；检测器：氢火焰检测器（FID）；色谱柱：HP-5 毛细管柱：30 m×320 μm，0.25 μm；10 μL 微量注射器；空气泵；气体：高纯 H_2（99.999%）；干燥空气；高纯 N_2（99.999%）。

（2）试剂：药品：苯、甲苯、乙苯（分析纯）。

（三）实验步骤

（1）检查 N_2、H_2 气源的状态及压力，然后打开所有气源，开启电脑及色谱仪，按照气相色谱仪的使用说明开机并使之运行正常。

（2）以二硫化碳为溶剂，于容量瓶中分别配制苯、甲苯、乙苯的单个标准溶液，浓度均为 100 μg/mL。

（3）取浓度未知的混合芳烃溶液。

（4）首次用微量注射器分别准确抽取 1.0 μL 苯、甲苯、乙苯的标准溶液，注入进

样口,注意尽量不要将气泡抽入针筒,分析各自的色谱图。在相同的色谱条件下,测定未知浓度的混合芳烃溶液。

（四）数据分析

（1）根据单个芳烃的色谱数据对混合芳烃样品进行定性判断。

（2）采用归一化法计算未知浓度的混合芳烃溶液中各组分的质量分数。

（五）思考题

（1）如何确定色谱图上各主要峰的归属?

（2）哪些条件会影响浓度测定值的准确性?

实训二十五　饮料中的防腐剂苯甲酸检测

【技能目标】

（1）能熟练操作气相色谱仪。

（2）掌握气相色谱法中内标法测定药物含量的基本操作技术。

（3）能正确记录数据、分析色谱图、计算数据。

【知识目标】

（1）掌握气相色谱法中内标法测定药物含量的基本方法和操作技术;气相色谱法测定苯甲酸的原理及苯甲酸含量的测定方法。

（2）熟悉内标法的有关计算问题及结果判断。

【素质目标】

培养学生精益求精的学习态度以及对所做实验结果进行自我评价的能力。

【实训内容】

（一）实验原理

食品防腐剂因具有杀灭或抑制微生物增殖的作用而被广泛应用于各类食品、饮料中。它可以防止食品变质及延长食品的保质期,但过量食用对人体有一定毒性。所以有必要对其进行检测监控。

气相色谱法的工作原理:利用试样中各组分在流动相和固定相间的分配系数不同,当汽化后的试样被载气带入色谱柱中运行时,组分就在其中的两相间进行反复多次分配,由于固定相对各组分的吸附或溶解能力不同,因此各组分在色谱柱中的保留时间不同,从而被分离开来,按顺序离开色谱柱进入检测器,产生的离子流信号经放大后,在记录器上描绘出各组分的色谱峰。利用保留时间对样品中的组分进行定性分析,用峰面积进行定量分析。

内标法:在一定实验条件下,待测组分的质量 m 或浓度 C 与样品峰面积(A_i)/内标峰面积(A_s)的比值成正比。先用待测组分的标准品配制一系列已知浓度的标准溶液,加入相同量的内标物;再将同样量的内标物加入同体积的待测样品溶液中,分别进样,测出 A_i/A_s,作(A_i/A_s)-m 或(A_i/A_s)-C 图,由 A_i/A_s 即可从标准曲线上查得待测组分的含量。

食品中苯甲酸先经乙醚萃取,以正十一烷酸作为内标,采用内标标准曲线法定量。

(二)试剂和仪器

(1)仪器:安捷伦 7890 气相色谱仪,FID 检测器,中惠普 NHA-300S 气源发生器,微量进样器。

(2)试剂:正十一烷酸,乙醇,乙醚,均为分析纯。

苯甲酸(国家标准物质研究中心提供),食品防腐剂标准工作液:1.0 g/L,用乙醇配制。

正十一烷酸内标溶液:3.0 g/L,用乙醇配制。盐酸(体积比为 1:1):取 100 mL 盐酸,加蒸馏水稀释至 200 mL。

(三)操作步骤

1. 气相色谱仪操作步骤

(1)确认所需使用的检测器,并相应安装好分析柱。FID 检测器使用氮气作为载气;开机前需先打开氮气气瓶阀,开通载气。

(2)打开仪器及计算机电源。运行色谱工作站。

(3)确认安装分析柱的载气气路有流量压力且正常。设置进样口,检测器(FID ≥120 ℃)及柱箱的温度。

(4)在进样口、检测器、柱箱温度达到设定温度后,打开氢气发生器电源开关旋钮,观察流量和压力显示是否正常,打开空气瓶阀;按【点火】键,点火,待基线稳定后即可进样分析。

(5)测试完毕后,关闭氢气,空气瓶阀,设置进样口、检测器、柱箱温度为室温,仪器自动降温;待进样口、检测器、柱箱温度降至 80 ℃以下时,即可关闭气相色谱仪电源。关闭计算机电源,关闭载气气瓶阀。

2. 色谱条件

色谱柱:TM-MX 0.32 mm×30 m,0.25 μm 毛细管柱;柱温:130 ℃;进样口和 FID 检测器温度均为 250 ℃;载气:高纯氮;柱流速:1.0 mL/min(恒流);分流比30:1;进样量 1 μL。

3. 样品处理

称取 5.0 mL 的样品,置于 25 mL 具塞量筒中,加入 1 mL 正十一烷酸内标液,加

0.5 mL 盐酸(体积比为 1∶1)酸化,分别用 20 mL、15 mL 乙醚提取两次,每次振摇 1 min,将上层乙醚提取液通过装有无水硫酸钠的三角漏斗(漏斗颈内塞少许脱脂棉),滤入 100 mL 具塞三角瓶中,再用 10 mL 乙醚分两次洗涤无水硫酸钠,置于 40 ℃水浴上挥干,加 200 μL 乙醇溶解残渣,供色谱测定。用保留时间定性,内标标准曲线法定量。

4. 标准曲线制备

准确量取标准工作液 0 mL、1.0 mL、2.0 mL、3.0 mL、4.0 mL 和 5.0 mL 于 6 个 10 mL 容量瓶中,各加入 1.0 mL 内标液,用乙醇定容,进行色谱分析。使浓度在 0～0.5 g/L 范围内,以标准物的浓度比为横坐标,对应峰面积比为纵坐标做线性回归分析,并根据信噪比 $S/N=3$,计算最低检测浓度。

5. 样品中苯甲酸的检测

取实验样品,按上述气相色谱法测定,记录苯甲酸和内标物的峰面积。

6. 结果计算

(1) 根据保留时间对样品中苯甲酸进行定性分析。

(2) 标准曲线的绘制:由标准系列色谱图分别测量各标准液中苯甲酸的峰面积,计算苯甲酸与内标物的峰面积之比,以峰面积之比对浓度作图,得到苯甲酸的内标标准曲线。

(3) 根据样品色谱图苯甲酸的峰面积,计算苯甲酸与内标物的峰面积之比,从苯甲酸的工作曲线中查得苯甲酸的浓度。

(四) 注意事项

(1) 检测器温度＞100 ℃,防止水蒸气冷凝,影响电极绝缘而使基线不稳。实际温度一般应高于柱温 30～50 ℃,在启动仪器加热升温过程中,应先升高检测器温度后升高色谱柱箱温度,待升温过程基本完成,温度稳定,最后再开氢气点火,并保证火焰是点着状态。氢气和空气的比例为 1∶10,当氢气占比过大时,FID 检测器的灵敏度急剧下降。所以在其他条件不变的情况下,灵敏度下降,可检查一下氢气和空气流速。

(2) 判断 FID 检测器是否点着:不同的仪器判断方法不同,有基流显示的看基流大小,没有基流显示的用带抛光面的扳手凑近检测器出口,观察其表面有无水汽凝结。

(3) 密封垫的更换:更换密封垫时不要拧得太紧,一般更换时在常温状态下,温度升高后会更紧,密封垫拧得太紧会造成进样困难,易将注射器针头弄弯。

(五) 思考题

(1) 内标物的选择应遵循的原则是什么?

(2) 色谱分析法定性分析的方法有哪些?

实训二十六　水果蔬菜中乙烯利残留量测定

【技能目标】

(1) 能熟练操作气相色谱仪。

(2) 掌握气相色谱法中内标法测定药物含量的基本操作技术。

(3) 能正确记录数据、分析色谱图、计算数据。

【知识目标】

(1) 掌握气相色谱法中内标法测定药物含量的基本方法和操作技术;气相色谱法测定苯甲酸的原理及含量测定方法。

(2) 熟悉内标法的有关计算问题及结果判断。

【素质目标】

培养学生精益求精的学习态度以及对所做实验结果进行自我评价的能力。

【实训内容】

(一) 实验原理

用甲醇提取样品中的乙烯利,经重氮甲烷衍生成二甲基乙烯利后,用带火焰光度检测器(磷滤光片)的气相色谱仪测定,外标法定量。

(二) 试剂和仪器

(1) 仪器:安捷伦 7890 气相色谱仪,FPD 火焰光度检测器(磷滤光片),中惠普 NHA-300S 气源发生器,微量进样器,超声波清洗器,组织捣碎机,氮气吹干仪。

(2) 试剂:氢氧化钾,盐酸,甲醇,无水乙醚,重氮甲烷。甲醇-盐酸溶液:量取 90 mL 甲醇加到 10 mL 盐酸中,混匀。

乙烯利标准品,纯度≥95％。

(三) 操作步骤

1. 试样制备

(1) 提取。

称取试样 10 g(精确至 0.01 g)于聚乙烯烧杯中,加入 0.5 mL 甲醇-盐酸溶液和 50 mL 甲醇,超声振荡提取 5 min,过滤于 100 mL 的聚乙烯容量瓶中,残渣再用 30 mL 甲醇提取一次,合并提取液于聚乙烯容量瓶中,定容至 100 mL。

(2) 衍生化。

准确吸取 10 mL 上述定容溶液,放入 15 mL 聚乙烯离心管中,在干燥氮气流下于 30～35 ℃水浴上浓缩至约 1.5 mL,加入 0.5 mL 甲醇-盐酸溶液和 8 mL 无水乙醚,充分混合,放置 10 min,将上清液移入另一聚乙烯离心管中,残留液用 1 mL 无水乙醚萃取 2 次,萃取液并入上清液中,于 30～35 ℃水浴下浓缩至约 1 mL。在通风柜内,向浓缩液中滴加重氮甲烷溶液,直至黄色不褪为止。盖严塞子,放置 15 min。在氮气流下 30～35 ℃水浴上浓缩至约 1 mL,用乙醚稀释到 2.00 mL,供气相色谱测定。

(3) 标准溶液的衍生化。

取适量的乙烯利标准工作液(用甲醇定容 10.0 mL),按照样品的提取和衍生步骤进行操作。

2. 色谱条件

(1) 色谱柱:FFAP 30 m×0.32 mm(id)×0.25 μm 弹性石英毛细管柱或相当极性的色谱柱。

(2) 载气:氮气,流量 2.5 mL/min,纯度≥99.999%。

(3) 燃气:氢气,流量 85 mL/min,纯度≥99.999%。

(4) 助燃气:空气,流量 110 mL/min。

(5) 进样口温度:240 ℃。

(6) 升温程序:120 ℃(1 min),40 ℃/min,230 ℃(2 min)。

(7) 检测器温度:150 ℃。

(8) 检测器:火焰光度检测器 FPD(磷滤光片)。

(9) 进样量:1 μL。

3. 色谱分析

分别吸取标准样品和待测样品衍生化后的溶液各 1 μL,注入色谱仪中,对待测样品与标准样品衍生化物的峰面积进行比较,用外标法定量。

4. 空白试验

除不待测样品外,其余样品按上述步骤进行操作。

5. 结果计算

按下面公式计算样品中的乙烯利的残留量:

$$\omega = \frac{A \times \rho \times V_1 \times V_2 \times 1000}{A_s \times m \times V \times 1000}$$

式中:ω——样品中乙烯利残留量,mg/kg;A——样品溶液中二甲基乙烯利的色谱面积;A_s——标准溶液中二甲基乙烯利的色谱峰面积;ρ——标准溶液中乙烯利的质量浓度,μg/mL;V——提取溶剂定容体积,mL;V_1——分取体积,mL;V_2——上机液定容体积,mL;m——称取样品的质量,g。

计算结果应扣除空白值,并以重复性条件下获得的两次独立测定结果的算术平均值表示,保留两位有效数字。

(四) 注意事项

(1) FPD 检测器要使用氢气作为燃气,使用中切勿使氢气漏入柱温箱内,以防爆炸。

(2) FPD 检测器外壳温度很高,切勿触及其表面,以防烫伤。

(五) 思考题

(1) 用外标法进行定量分析的依据是什么?

(2) 色谱分析中定量分析的方法有哪些?

第十一章 高效液相色谱法

第一节 概　　述

一、概述

高效液相色谱（high performance liquid chromatography，HPLC）又称"高压液相色谱""高速液相色谱""高分离度液相色谱""近代柱色谱"等。高效液相色谱法是色谱法的一个重要分支，以液体为流动相，采用高压输液系统，将具有不同极性的单一溶剂或不同比例的混合溶剂、缓冲液等流动相泵入装有固定相的色谱柱中，在柱内各成分被分离后，进入检测器进行检测，从而实现对试样的分析。

二、高效液相色谱仪构成

高效液相色谱仪一般由溶剂输送系统、进样系统、分离系统（色谱柱）、检测系统和数据处理与记录系统组成，具体包括储液器、输液泵、进样器、色谱柱、检测器、记录仪或数据工作站等部分。其中输液泵、色谱柱和检测器是高效液相色谱仪的关键部分。

三、分离原理

储液器中的流动相被高压泵压入检测系统，样品溶液经进样器进入流动相，被流动相载入色谱柱（固定相）内，由于样本溶液中的各组分在两相中具有不同的分配系数，在两相中做相对运动时，经过反复多次的"吸附-解吸"的分配过程，各组分在移动速度上产生较大的差别，被分离成单个组分依次从柱内流出，通过检测器时，样本浓度被转换成电信号传送到记录仪，数据以图谱形式输出检测结果。根据分离机制的不同，高效液相色谱法可分为液固吸附色谱法、液液分配色谱法（正相与反相）、离子交换色谱法及分子排阻色谱法。

四、高效液相色谱法的应用

高效液相色谱法只要求样品能制成溶液，不受样品挥发性的限制，流动相可选择的范围较宽,固定相的种类繁多,因而可以分离热不稳定和热稳定的、离解的和非离解的物质,以及各种分子量范围的物质。

与试样预处理技术相配合,高效液相色谱法所达到的高分辨率和高灵敏度,使分离和同时测定性质上十分相近的物质成为可能,能够分离复杂相中的微量成分。随着固定相的发展,有可能在充分保持生物化学物质活性的条件下完成其分离。

高效液相色谱法成为解决生物化学分析问题最有前途的方法。高效液相色谱法具有高分辨率、高灵敏度、速度快、色谱柱可反复利用、流出组分易收集等优点,因而被广泛应用到生物化学、食品分析、医药研究、环境分析、无机分析等各种领域。高效液相色谱仪与结构仪器的联用是一个重要的发展方向。

第二节　操作技能实训

实训二十七　高效液相色谱仪的基本操作和柱效测定

【技能目标】

(1) 掌握液相色谱流动相的配制;掌握仪器的日常维护和保养,排除仪器常见故障。

(2) 了解高效液相色谱仪的基本原理和基本结构。

(3) 培养根据说明书学习新知识的能力;各种不同型号仪器的使用的迁移能力,学会编写仪器规程。

【知识目标】

(1) 掌握高效液相色谱仪的组成及主要构件的作用;高效液相色谱检测器的类型及特点。

(2) 了解高效液相色谱柱评价的意义和操作。

【素质目标】

(1) 规范操作,注意安全,遵守实验室各项规章制度。

(2) 培养学生胆大心细、严谨的科学作风。

【实训内容】

(一) 实验原理

(1) 高效液相色谱仪是一类高效分离分析仪器,由溶剂输送系统、进样系统、柱分离系统、检测系统及数据工作站等部分构成。其基本工作原理:被分析样品通过进样阀由流动相携带进入色谱柱;在色谱柱内,每个组分存在和固定相、流动相的相互作用,有一系列的动态平衡;每个组分的平衡参数各不相同,造成不同组分在色谱柱内的差速迁移,导致各个组分的分离;由色谱柱分离的各个组分通过检测器后,经检测得到对应的物理量;色谱工作站收集这些数据并处理形成色谱图。

（2）色谱柱是色谱实现组分分离的关键,柱效是衡量整个色谱体系性能的重要参数。评定色谱柱柱效的参数有几类,其中最常用的是半峰宽法:

$$n = 5.54 \left(\frac{t_r}{W_{1/2}} \right)^2$$

式中:n——柱效（理论塔板数）;t_r——被测试样品一个组分的保留时间;$W_{1/2}$——该组分对应色谱峰的半峰宽。

（二）仪器及试剂

（1）仪器:安捷伦 HPLC 1100/安捷伦 HPLC 1200。

（2）试剂:甲醇（色谱纯）,芦丁标准品。

（三）实验步骤

（1）流动相和样品溶液的配制:甲醇和水分别以孔径为 0.45 μm 的微孔滤膜过滤后,超声脱气 20 min,放到色谱储液瓶中。取一定量的芦丁对照品溶液,以 0.45 μm 的微孔滤膜过滤后备用。

（2）检查高效液相色谱仪电路连接和液路连接,正确以后,打开稳压电源。待工作电压稳定在 220 V 后,依次打开柱温控制器、色谱泵、检测器、色谱工作站的电源开关。各部分自检通过后,按下列条件,进行仪器参数设置:

①色谱柱:Kromasil ODS（5 μm,250 cm×4.6 mm I.D）。

②柱温:28 ℃。

③流动相:甲醇：水=85：15。

④流速:1.0 mL/min。

⑤检测波长:257 nm。

⑥进样体积:10 μL。

⑦数据收集时间:15 min。

（3）通过色谱工作站观察色谱基线,待基线稳定后,进样分析,收集数据,并用色谱工作站进行数据处理,计算色谱柱的柱效。

（4）改变色谱条件,按下列条件重新进行参数设置。

　　　　　　流动相　　　　　　甲醇：水=80：20

（5）待色谱基线稳定后,再次进样分析,并收集处理数据。

（6）分析结束后,以 15 mL 纯甲醇冲洗色谱柱。

（7）实验结束后,依次关闭色谱工作站、2996 检测器、色谱泵、柱温控制器等各部分电源。

（8）数据处理。

按理论塔板数计算公式计算两种不同的色谱条件下色谱柱的柱效，并进行比较。

（四）注意事项

流动相使用前必须经过脱气、过滤。如果流动相中含有气体，在较高的柱压下会产生气泡，使流动相流动受阻，对分离样品产生不利影响。

（五）思考题

（1）注意观察实验过程中柱压的变化，在两种色谱条件下，柱压有什么不同？

（2）在两种色谱条件下，保留时间和柱效各有什么变化？为什么有这种变化？

（3）流动相和样品配制过程中都要用孔径为 $0.45~\mu m$ 的微孔滤膜过滤，主要是为什么？

实训二十八　高效液相色谱仪的定性与定量分析

【技能目标】

基本掌握高效液相色谱仪定性和定量分析的操作过程。

【知识目标】

了解高效液相色谱仪定性、定量分析的基本原理。

【素质目标】

培养学生精益求精的学习态度以及对所做实验结果进行自我评价的能力。

【实训内容】

（一）实验原理

1. 定性分析的基本原理

在同一个色谱条件下，不同样品内所含有的同一物质，在色谱柱内具有相同的作用机理和平衡参数，因此，具有相同的色谱保留行为，反映在色谱图上就是有相同的保留时间，这就是高效液相色谱仪定性的依据。但是，由于色谱柱内被分析物质和固定相、流动相之间作用的复杂性，以及色谱柱的分离能力——柱效的局限性，有些物质是不能分离或完全分开的，因此出现在同一或相近的保留时间内。色谱的这种定性的局限性概括为：在同一色谱条件下，同一物质具有相同的保留时间，而同一保留时间并不能说明是同一物质。为提高高效液相色谱仪的定性能力，通常使用一些具有较强定性能力的检测器，如液相色谱-质谱联用仪（LC-MS），液相色谱-紫外-可见光扫描检测器（HPLC-PDA），液相色谱-红外光谱联用仪、液相色谱-核磁共振波谱联用仪等。利用这些检测器可对每一组分进行定性分析。

2. 定量分析的基本原理

当一个样品在色谱柱内被分离成几个组分以后,每个组分依次流经检测器,经检测得到相应的色谱图。色谱图中各个组分的响应值,如峰高、峰面积是定量分析的基本依据。以常用的紫外-可见光检测器为例:由于紫外-可见光检测器与分光光度计的基本原理一致,在一定的浓度范围内服从 Lambert-Beer 定律:

$$A = \varepsilon bc$$

式中:A——吸光度;ε——该物质的摩尔吸光系数;b——光程;c——该物质的浓度。根据一系列的数学推导,得出以下公式:在一定的浓度范围内,有

$$C = kA + b$$

式中:C——样品中该物质的浓度;A——该物质对应的峰面积;k、b——常数。也就是说,被分析样品内某一物质的浓度和该物质所对应的峰面积成正比,这就是高效液相色谱定量分析的基本原理。在本实验中,首先我们通过观察保留时间,对未知样品中的虫草素进行定性分析。然后,通过一系列虫草素的标准溶液、未知溶液的峰面积测定,计算出未知溶液中虫草素的浓度。

(二) 仪器与试剂

(1) 仪器:安捷伦 HPLC 1100/安捷伦 HPLC 1200。

(2) 试剂:甲醇(色谱纯),虫草素标准品。

(三) 实验步骤

(1) 流动相的配制:甲醇和水分别用 0.45 μm 的微孔滤膜过滤后,超声脱气 20 min,放到色谱储液槽中。

(2) 标准溶液的配制:正确称取一定量的虫草素,以甲醇溶解,以流动相稀释至 2 mg/mL,用移液管分别移取 0.5 mL、1.0 mL、2.0 mL、5.0 mL 此溶液至 50 mL 容量瓶内,以流动相稀释至刻度。每份标准溶液都以孔径为 0.45 μm 的微孔滤膜过滤,备用。

(3) 检查:查看高效液相色谱仪电路连接和液路连接,正确以后,打开稳压电源。待工作电压稳定在 220 V 后,依次打开柱温控制器、色谱泵、检测器、色谱工作站的电源开关。

(4) 仪器条件。

①色谱柱:Kromasil ODS(5 μm,250 cm×4.6 mm I. D)。

②柱温:28 ℃。

③流动相:甲醇∶水=85∶15。

④流速:1.0 mL/min。

⑤检测波长:260 nm。

⑥进样体积:20 μL。

⑦数据收集时间:15 min。

（5）通过色谱工作站观察色谱基线,待基线稳定以后,分别对标准溶液和未知溶液进行进样分析,利用色谱工作站收集、处理数据。

（6）分析结束后,以95%甲醇冲洗色谱柱。

（7）实验结束后,依次关闭色谱工作站、检测器、色谱泵、柱温控制器等各部分电源。

（8）数据处理。

利用色谱工作站对标准溶液、未知溶液的色谱图进行处理,找出虫草素的保留时间,并在未知溶液的色谱图中找出虫草素所对应的色谱峰。对标准溶液中虫草素的浓度和峰面积进行曲线拟合,并利用此标准曲线计算未知溶液中虫草素的浓度。

（四）思考题

（1）未知溶液色谱图中哪一个峰是虫草素所对应的峰,判断依据是什么?

（2）怎样减小色谱定量分析的误差?

（3）在有些液相色谱分析过程中使用了缓冲溶液,实验结束以后,应做哪些色谱维护工作?

实训二十九　　高效液相色谱法测定蜂蜜中残留的四环素的含量

【技能目标】

（1）掌握系列溶液的配制、试样溶液制备的操作;标准曲线的绘制、实验数据的记录和处理。

（2）熟悉高效液相色谱法测定蜂蜜中残留四环素含量的实验方法。

【知识目标】

掌握原子吸收定量分析的理论依据;原子吸收测定标准溶液、试样溶液的配制方法;高效液相色谱法测定蜂蜜中残留四环素含量的原理。

【素质目标】

培养学生精益求精的学习态度以及对所做实验结果进行自我评价的能力。

【实训内容】

（一）实验原理

（1）四环素类药物是一类广谱抗生素,可用于治疗和预防一些动物性疾病,但如果长期使用,将导致该类药物在动物组织中的残留。残留在动物组织中的四环素类药物会影响食用者的健康。四环素类药物的毒性反应主要表现为对胃、肠、肝脏的损害,使牙齿染色等,还会造成过敏反应、二重感染、胎儿畸形。因此应严格控制其在食品中的残留量。

（2）用酸性的 Na_2-EDTA-Mcllvaine 缓冲溶液将蜂蜜中的蛋白质沉淀,同时将四环素提取出来,以草酸与乙腈为流动相,C_{18} 柱作为色谱柱,反相分离,紫外检测器检测,在四环素的标准曲线的线性范围内,依据测得的峰面积与四环素含量间的线性关系进行定量分析。

（二）仪器和试剂

（1）仪器:安捷伦 1200 高效液相色谱仪,涡旋混合器,离心机,天平。

（2）试剂:甲醇（色谱纯）,草酸,乙腈（色谱纯）,乙酸乙酯,磷酸二氢钠,盐酸,柠檬酸,乙二胺四乙酸二钠（分析纯）。

样品:蜂蜜。

（三）操作步骤

1. 提取

（1）称取 5 g 试样,置于 50 mL 离心管中,加入 30 mL 0.1 mol/L Na_2-EDTA-Mcllvaine 溶液,快速混合 1 min,以 3500 r/min 离心 10 min,上清液倒入另一离心管中。

（2）将上清液通过固相萃取柱,用 2 mL Na_2-EDTA-Mcllvaine 溶液冲洗,再用 20 mL 水洗,弃去全部流出液,减压抽干 10 min,用 4 mL 流动相洗脱,定容至 4 mL,供液相色谱-紫外检测器测定。

2. 标准溶液的配制

称取四环素 10 mg,用甲醇溶解,并转移至 100 mL 容量瓶中,用甲醇稀释至刻度,得四环素储备液（0.1 mg/mL）。准确移取该溶液 1 mL 置于 10 mL 容量瓶中,用甲醇稀释至刻度,得 0.01 mg/mL 的溶液。准确移取该溶液 0 mL、0.05 mL、0.10 mL、0.20 mL、0.40 mL、0.80 mL 于 10 mL 容量瓶中,用甲醇稀释至刻度,摇匀,得四环素标准溶液的浓度分别为 0、0.05 g/mL、0.10 g/mL、0.20 g/mL、0.40 g/mL、0.80 g/mL。

3. 测定

（1）色谱条件:色谱柱为 C_{18} 色谱柱,150 mm×4.6 mm,5 mm;流动相为 0.01 mol/L 草酸溶液（pH=2.5）-乙腈（80∶20）,流速为 1 mL/min,柱温为室温,紫外检测器检测波长为 355 nm。

（2）将上述已制备好的不同浓度的四环素标准系列溶液一次进样 20 μL,依据四环素的峰面积进行定量分析。以标准系列溶液的浓度为横坐标,其相应的峰面积为纵坐标,绘制标准曲线,并计算回归方程。

（3）样品的测定：取已处理好的样品溶液 20 μL 进样分析,根据峰面积代入回归方程中计算。

4. 结果计算

按下式可计算出蜂蜜中四环素的含量：

$$X = \frac{C \times V}{m} \times 100\%$$

式中：X——样品中四环素的含量；C——从标准曲线计算得到的被测组分溶液浓度,g/mL；V——试样溶液定容体积,mL；m——试样溶液所代表的样品质量,g。

（四）注意事项

（1）流动相使用前必须经过脱气。如果流动相中含有气体,在较高的柱压下会产生气泡,使流动相流动受阻,对分离样品产生不利影响。

（2）固相萃取柱使用前应用 5 mL 甲醇和 10 mL 水活化。

（五）思考题

（1）流动相为什么要脱气？常用的脱气方法有哪几种？

（2）高效液相色谱仪是如何实现高效、快速、灵敏的检测的？

实训三十　高效液相色谱法测定牛黄解毒片中黄芩苷的含量

【技能目标】

（1）熟练操作高效液相色谱仪。

（2）能正确记录数据、分析色谱图、计算数据。

【知识目标】

（1）掌握高效液相色谱法中外标法测定药物含量的基本方法和操作技术；高效液相色谱法测定黄芩苷含量的原理及测定方法。

（2）熟悉外标法的有关计算问题及结果判断。

【素质目标】

（1）培养学生精益求精的学习态度以及对所做实验结果进行自我评价的能力。

（2）提高学生分析问题、解决问题的能力。

【实训内容】

（一）实验原理

利用高效液相色谱法分离牛黄解毒片中的黄芩苷,在 315 nm 处进行检测。

2015 年版《中国药典》采用外标法测定黄芩苷的含量。本品每片含黄芩以黄芩苷（$C_{21}H_{18}O_{11}$）计，小片不得少于 3.0 mg；大片不得少于 4.5 mg。

（二）仪器与试剂

（1）仪器：安捷伦 1200 高效液相色谱仪，微量进样器，超声波提取仪，分析天平。

（2）试剂：黄芩苷对照品，牛黄解毒片，甲醇（色谱纯），磷酸（色谱纯），乙醇（分析纯）。

（三）操作步骤

1. 色谱条件与系统适用性实验

以十八烷基硅烷键合硅胶为填充剂，甲醇-水-磷酸（45∶55∶0.2）为流动相，检测波长为 315 nm。理论塔板数按黄芩苷峰计算应不低于 3000。

2. 对照品溶液的制备

精密称取 60 ℃下减压干燥 4 h 的黄芩苷对照品适量，加甲醇制成 0.04 g/mL 的溶液，即得。

3. 供试品溶液的制备

取本品 20 片（包衣片除去包衣），精密称量，研细，取 0.6 g，精密称量，置于锥形瓶中，加 70％乙醇 30 mL，超声处理（功率 250 W，频率 33 kHz）20 min，放冷，过滤，滤液置于 100 mL 容量瓶中，用少量 70％乙醇分次洗涤容器和残渣，洗涤液滤入同一容量瓶中，加 70％乙醇至刻度，摇匀；精密量取 2 mL，置于 10 mL 容量瓶中，加 70％乙醇至刻度，摇匀，即得。

4. 样品测定

分别精密吸取对照品溶液 5 μL 与供试品溶液 10 μL，注入液相色谱仪，测定，即得。

本品每片含黄芩以黄芩苷（$C_{21}H_{18}O_{11}$）计，小片不得少于 3.0 mg；大片不得少于 4.5 mg。

（四）注意事项

（1）流动相应选用色谱纯试剂、高纯水或双蒸水，酸碱液及缓冲液需经过滤后使用，过滤时注意区分水系膜和有机系膜的使用范围，并进行超声除气处理。

（2）水相流动相需经常更换（一般不超过 2 天），防止滋生细菌并变质。

（五）思考题

（1）色谱法系统适用性实验的目的是什么？

（2）高效液相色谱仪使用过程中应注意什么？

（3）质量标准中规定的 HPLC 条件，哪些可以改变，哪些不能变化？

（4）HPLC 常用的定量分析方法有几种？外标法的优缺点各是什么？

第十二章　离子色谱法

第一节　概　　述

一、离子色谱法简介

离子色谱法(ion chromatography)是高效液相色谱法(HPLC)的一种,是分析阴离子和阳离子的一种液相色谱方法。其与传统离子交换色谱柱色谱法的主要区别是树脂具有很高的交联度和较低的交换容量,进样体积很小,用柱塞泵输送淋洗液,通常对淋出液进行在线自动连续电导检测。

二、离子色谱仪结构

离子色谱仪一般由四部分组成,即输送系统、分离系统、检测系统和数据处理系统。输送系统由淋洗液槽、输液泵、进样阀等组成;分离系统主要是指色谱柱;检测系统(如果是电导检测器)由抑制柱和电导检测器组成。

离子色谱的检测器主要有两种:一种是电化学检测器,一种是光化学检测器。电化学检测器包括电导检测器、直流安培检测器、脉冲安培检测器和积分安培检测器;光化学检测器包括紫外-可见光检测器和荧光检测器。电导检测器是离子色谱仪的主要检测器,主要分为抑制型和非抑制型(也称为单柱型)两种。

三、离子色谱法的分离原理

离子色谱法是基于离子交换树脂上可离解的离子与流动相中具有相同电荷的溶质离子之间进行的可逆交换和分析物溶质对交换剂亲和力的差别,从而达到分离物质的目的。离子色谱法适用于亲水性阴、阳离子的分离。

四、离子色谱仪应用

离子色谱仪主要用于环境样品的分析,包括地面水、饮用水、雨水、生活污水和工业废水、酸沉降物和大气颗粒物等样品中的阴、阳离子,与微电子工业有关的水和试剂中痕量杂质的分析。另外在食品、卫生、石油化工、地质等领域也有广泛的应用。离子色谱仪主要用于常见阴离子的测定。

第二节　操作技能实训

实训三十一　离子色谱法测定自来水中氟离子、氯离子含量

【技能目标】

掌握系列溶液的配制、试样溶液制备的操作；标准曲线的绘制、实验数据的记录和处理。

【知识目标】

(1) 掌握离子色谱法定量分析的理论依据；离子色谱测定标准溶液、试样溶液的配制方法；标准曲线法定量的原理，结果计算，标准曲线线性评价的方法；离子色谱法测定自来水中氟离子、氯离子含量的基本原理及实验方法。

(2) 了解化学抑制的工作原理。

【素质目标】

培养学生精益求精的学习态度以及对所做实验结果进行自我评价的能力。

【实训内容】

(一) 实验原理

样品通过进样阀注入仪器，并随碳酸盐-重碳酸盐淋洗液进入离子交换柱系统（由保护柱和分离柱组成）。样品中各种阴离子对分离柱中阴离子交换树脂的亲和力不同，移动速度也不同，从而被分离开来。已分离的阴离子流经阳离子交换柱或抑制器系统转换成具有高电导率的强酸，淋洗液则转变为弱电导度的碳酸。由电导检测器测量出各阴离子组分的电导率，以相对保留时间和峰高或峰面积定性和定量。

(二) 仪器和试剂

(1) 仪器：离子色谱仪，全自动进样器，阴离子分离柱，超声波清洗器，过滤器，十万分之一天平。

(2) 试剂：氟标准储备液（1000 mg/L），氯标准储备液（1000 mg/L），碳酸钠（分析纯），碳酸氢钠（分析纯），硫酸（优级纯），去离子水。

(三) 操作步骤

1. 水样预处理

吸取 10 mL 自来水样用 0.22 mm 孔径的微滤膜过滤，以除去混浊物质，然后上

机待测。

2. 溶液的配制

(1) 氟(10.0 mg/L)、氯(100.0 mg/L)混合标准使用液:分别吸取氟标准储备液1 mL,氯标准储备液10 mL,置于100 mL容量瓶中,然后用去离子水稀释至刻度,摇匀。

(2) 氟、氯标准溶液的配制:准确吸取1 mL、2 mL、5 mL、10 mL、20 mL氟、氯混合标准使用液,分别置于100 mL容量瓶中,最后用去离子水稀释至刻度,摇匀。

(3) 淋洗液的配制:碳酸钠(1.8 mmol/L)/碳酸氢钠(1.7 mmol/L):准确称取碳酸钠0.1908 g、碳酸氢钠0.1428 g(于105 ℃下烘干2 h,并保存在干燥器内),溶于去离子水中,并转移至1000 mL容量瓶中,用去离子水稀释至刻度,摇匀,并经真空泵过滤、除气,备用。

(4) 再生液的配制(50 mmol/L):准确吸取硫酸3 mL移至1000 mL容量瓶中,用去离子水稀释至刻度,摇匀。

(5) 冲洗液:去离子水。

3. 仪器的条件

柱温:室温,淋洗液流速:1.0 mL/min,进样量:20 mL。

4. 样品测定

(1) 装上淋洗液,依次打开全自动进样器、主机、连接色谱工作站的电脑开关。

(2) 调节淋洗液和再生液流速,使仪器达到平衡,并指示稳定的基线。

(3) 建立测定方法。

(4) 待基线稳定后,用含氟离子、氯离子的混合标准系列溶液进样(可分别得到两种离子的工作曲线),绘制标准曲线。

(5) 将预处理后的自来水样品注入离子色谱仪进样系统,记录峰高或峰面积。

(6) 测量完毕后,冲洗柱子。

(7) 关泵。

5. 结果计算

根据测出的样品峰面积,仪器可直接在标准曲线上查得各阴离子的质量浓度(mg/L)。如有稀释需乘以稀释倍数。

(四) 注意事项

(1) 由于进样量很小,操作中必须严格防止纯水、器皿以及水样预处理过程中的污染,淋洗液应用去离子水配制,不宜配制太多、放置时间太长。

(2) 为了防止保护柱和分离柱堵塞,样品必须过0.22 mm孔径的微滤膜。

(3) 每次开机后,观察白色的再生液和淋洗液的废液管是否有液体流出,是否被堵塞。

（4）离子色谱仪长期不用时也要定期用超纯水清洗或将柱子卸下密封保存。

（五）思考题

（1）影响阴离子洗脱顺序的因素有哪些？

（2）为什么抑制器能使信噪比改善,检测的灵敏度提高？

第十三章　气相色谱-质谱联用技术

第一节　概　　述

一、气相色谱-质谱联用技术

质谱法可以进行有效的定性分析,但对复杂有机化合物的分析就显得无能为力;而色谱法对有机化合物是一种有效的分离分析方法,特别适合有机化合物的定量分析,但定性分析则比较困难。因此,这两者的有效结合必将为化学家及生物化学家提供一个进行复杂有机化合物高效定性、定量分析的工具。将两种或两种以上方法结合起来的技术称为联用技术,将气相色谱仪和质谱仪联合起来使用的仪器称为气相色谱-质谱联用仪(GC-MS),简称气-质联用仪。GC-MS是最成熟的两谱联用技术。

二、仪器结构组成

GC-MS被广泛应用于复杂组分的分离与鉴定,其具有气相色谱的高分辨率和质谱的高灵敏度,是生物样品中药物与代谢物定性定量的有效工具。

气相色谱仪结构见气相色谱法一章内容。

质谱仪由离子源、滤质器、检测器三部分组成,它们被安放在真空总管道内。

接口:由气相色谱仪出来的样品通过接口进入质谱仪,接口是色谱-质谱联用仪的关键。

接口的作用如下:

(1) 压力匹配——质谱离子源的真空度为 10^{-3} Pa,而气相色谱仪色谱柱出口压力高达 10^5 Pa,接口的作用就是使两者压力匹配。

(2) 组分浓缩——从气相色谱仪色谱柱流出的气体中有大量载气,接口的作用是排除载气,使被测物浓缩后进入离子源。

三、仪器分析原理

GC-MS的工作过程:高纯载气由高压钢瓶中流出,经减压阀降压到所需压力后,通过净化干燥管使载气净化,再经稳压阀和转子流量计后,以稳定的压力、恒定的速度流经汽化室与汽化的样品混合,将样品气体带入色谱柱中进行分离。分离后的各组分随着载气先后流入检测器(质谱仪),然后载气放空。检测器将物质浓度或质量的变化转变为一定的电信号,经放大后在记录仪上记录下来,就得到色谱流出曲线。根据色谱流出曲线上得到的每个峰的保留时间,可以进行定性分析,根据峰面积或峰高的大小,可以进行定量分析。

四、GC-MS 的常用测定方法

GC-MS 的常用测定方法如下。

(1)总离子流色谱法(total ionization chromatography,TIC)——类似于气相色谱图谱,用于定量分析。

(2)反复扫描法(repetitive scanning method,RSM)——在一定间隔时间反复扫描,自动测量、运算,制得各个组分的质谱图,可进行定性分析。

(3)质量色谱法(mass chromatography,MC)——记录具有某质荷比的离子强度随时间变化的图谱。在选定的质量范围内,任何一个质量数都有与总离子流色谱图相似的质量色谱图。

(4)选择性离子监测(selected ion monitoring,SIM)——对选定的某个或数个特征质量峰进行单离子或多离子检测,获得这些离子流强度随时间的变化曲线。其检测灵敏度较总离子流色谱法高 2~3 个数量级。

(5)质谱图——带正电荷的离子碎片质荷比与其相对强度之间关系的棒图。质谱图中最强峰称为基峰,其强度规定为 100%,其他峰以此峰为准,确定其相对强度。

五、应用

GC-MS 的灵敏度高,适合低分子量(分子量<1000)化合物的分析,尤其适合挥发性成分的分析。在药物的生产、质量控制和研究中有广泛的应用,特别在中药挥发性成分的鉴定、食品和中药中农药残留量的测定、体育竞赛中兴奋剂等违禁药品的检测以及环境监测等方面,GC-MS 是必不可少的工具。

第二节　　操作技能实训

实训三十二　　有机混合体系分离测定

【技能目标】

(1)掌握谱图检索的基本操作;面积归一化方法进行含量测定的操作技能。

(2)了解 GC-MS 的工作原理及分析条件的设置。

【知识目标】

掌握 GC-MS 分离鉴定混合体系的原理；面积归一化方法进行定量测定的原理及适用对象。

【素质目标】

(1) 培养学生精益求精的学习态度以及对所做实验结果进行自我评价的能力。

(2) 培养学生分析问题、解决问题的能力。

【实训内容】

(一) 实验原理

混合样品经气相色谱仪分离后，以单一组分的形式依次进入质谱仪的离子源，并在离子源的作用下被电离成各种离子。离子经质量分析器分离后到达检测器，并最终得到质谱图。与单纯的气相色谱相比，GC-MS 的定性能力更高，它利用化合物分子的指纹质谱图鉴定组分，大大优于仅靠色谱保留时间进行的定性分析，既摆脱了对组分样品的依赖性，也排除了操作过程中进样与记录不同步而使组分保留时间变化所带来的影响。

(二) 仪器和试剂

(1) 仪器：安捷伦 7890A/5975C-GC/MSD。

(2) 试剂：丙酮、二氯甲烷、正己烷、甲苯、正己烷，均为分析纯。

(三) 操作步骤

1. 有机混合物的稀释

以甲苯为溶剂，在容量瓶中对有机混合样品进行稀释。

2. 分析条件设置

色谱仪：进样口温度 40 ℃；柱温初始 40 ℃保持 2 min，然后程序升温到 200 ℃，升温速度 30 ℃/min，最后在 200 ℃保持 1 min；进样模式为分流进样，分流比设置为 45∶1。

质谱条件：离子源 EI，电离电压 70 eV；离子源 230 ℃；质谱扫描范围为 45～100 amu。

3. 样品分析

用正己烷清洗微量注射器后，吸取混合样品 1 μL 进样，记录色谱、质谱图。

4. 谱图检索

在"Qual. Brower"中查看定性结果，将每次进样得到的特征谱图与标准谱图进行对照检索，考察匹配程度，由于有的样品受本底影响较大，可先扣除本底后再进行检索。

5．数据处理

利用质谱图对色谱流出曲线上的每一个色谱峰对应的化合物进行定性鉴定。

（四）注意事项

（1）务必记住开机前先开气（载气为氦气），最后关气。

（2）在仪器开启和使用过程中，不能通过质谱电源开关重启质谱，特殊情况下可通过质谱后重启按钮来实现质谱的重启。

（3）测试样品前处理过程（提取、净化等）必须符合要求。

（4）仪器参数设置不要超过仪器最大允许值。

（5）测定完毕，要确保柱内无残留样品。

（五）思考题

（1）GC-MS 一般由哪几个部分组成？

（2）分流进样和不分流进样各适用于什么情况？

实训三十三　顶空气相色谱-质谱联用法分析薄荷挥发油的化学成分

【技能目标】

（1）掌握谱图检索的基本操作；面积归一化方法进行含量测定的操作技能；薄荷挥发油提取技术。

（2）了解 GC-MS 的工作原理及分析条件的设置。

【知识目标】

掌握顶空进样分析的原理；面积归一化方法进行定量测定的原理。

【素质目标】

（1）培养学生精益求精的学习态度以及对所做实验结果进行自我评价的能力。

（2）培养学生分析问题、解决问题的能力。

【实训内容】

（一）实验原理

试样中各组分在气相和固定液两相间的分配系数不同，当汽化后的试样被载气带入色谱柱中运行时，组分就在其中的两相间进行反复多次分配，由于固定相对各组分的吸附或溶解能力不同，因此各组分在色谱柱中的运行速度不同，经过一定的柱长后，便彼此分离，按顺序离开色谱柱进入检测器（质谱仪），产生的离子流信号经放大后，在记录器上描绘出各组分的色谱峰。

1. 定性分析原理

将待测物质的谱图与谱库中的谱图对比定性。

2. 定量分析原理

相对定量法(峰面积归一法):由 GC-MS 得到的总离子色谱图或质量色谱图,其色谱峰面积与相应组分含量成正比,可对某一组分进行相对定量。

绝对定量法(标准物质标定法):配制一组合适浓度的标准样品,在最佳测定条件下,由低浓度到高浓度依次测定其吸光度 A,以吸光度 A 对浓度 C 作图得 A-C 标准曲线。在相同的测定条件下,测定未知样品的吸光度,从 A-C 标准曲线上用内标法求出未知样品中被测元素的浓度。

(二) 仪器与试剂

(1) 仪器:安捷伦 7890A/5975C-GC/MSD,顶空进样器。

(2) 试剂药品:薄荷叶。

(三) 实验步骤

1. 实验条件

色谱条件:初温 60 ℃,保持 5 min;以 5 ℃/min 升至 180 ℃,保持 1 min;再以 10 ℃/min,升至 260 ℃/min,保持 5 min。载气为高纯氦气。进样口温度:250 ℃;分流比为 5:1。柱子型号为 DB-5。

质谱条件:离子源 EI,电离电压 70 eV;离子源 230 ℃。质量范围 30～500 amu。

2. 样品处理

称取薄荷叶 1 g,粉碎后装在 10 mL 安捷伦气相色谱仪顶空瓶中,压紧密封。顶空瓶体积 10 mL;平衡时间 10 min;平衡温度 70 ℃;分析时间 47.25 min;样品容积 20 mL;进样量 0.7 mL;进样方式为自顶空部分精密抽取顶空气体。

3. 样品分析

顶空进样到气相色谱仪中,在上述实验条件下,按照 GC-MS 的操作规程进行。

4. 数据处理

经标准质谱库检索,确定挥发油组分。将总离子流色谱图中的各峰面积进行归一化,得到各成分的含量。

(四) 注意事项

(1) 务必记住开机前先开气(载气为氦气),最后关气。

(2) 在仪器开启和使用过程中,不能通过质谱电源开关重启质谱,特殊情况下可通过质谱后重启按钮来实现质谱的重启。

(3) 顶空瓶加热温度、定量管温度、传输线温度应由低到高,传输线温度不大于进样口温度。

（4）时间设置中,样品充满定量管的时间应充分,定量管的平衡时间不应太长,进样的时间应足够长。

实训三十四　气相色谱-质谱法测定蔬菜中甲拌磷含量

【技能目标】

（1）掌握谱图检索的基本操作;面积归一化方法进行含量测定的操作技能。

（2）了解 GC-MS 的工作原理及分析条件的设置;蔬菜中有机磷农药的提取方法。

【知识目标】

（1）掌握内标标准曲线法的定量方法。

（2）熟悉气相色谱-质谱法的定性、定量的方法。

【素质目标】

培养学生精益求精的学习态度以及对所做实验结果进行自我评价的能力;培养学生分析问题、解决问题的能力。

【实训内容】

（一）实验原理

气相色谱-质谱仪的工作原理:样品中各组分经气相色谱仪分离后进入质谱仪,被离子源轰击成不同质荷比(m/z)的碎片离子。碎片离子经过质量分析器后,由离子流检测器检测,并按照 m/z 的大小输出质谱图,以离子流强度为纵坐标,保留时间为横坐标输出色谱图。利用组分的保留时间和质谱图进行定性分析,用峰面积或峰高进行定量分析。内标标准曲线法:将待测组分的纯物质配制成不同浓度的系列标准溶液(C_i),分别加入等量的内标物,在一定实验条件下分析,测得待测组分的峰面积 A_i 及内标物的峰面积 A_s,以 A_i/A_s 对 C_i 作图得内标标准曲线 $y=ax+b$。再将同等量的内标物加入待测样品中,进样分析,测出 A_x/A_s,由标准曲线求得待测组分的含量。

样品用乙腈匀浆后过滤,滤液盐析后离心,取上清液经固相萃取柱净化,用乙腈＋甲苯(3∶1)洗脱,洗脱液浓缩后,用 GC-MS 测定。

（二）仪器与试剂

（1）仪器:安捷伦 7890A/5975C-GC/MSD、Envi-18 和 Envi-Carb 活性炭固相萃取小柱(3 mL,0.5 g)、均质器、离心机、电子天平、氮气吹干仪。

（2）试剂:乙腈、甲苯、正己烷、氯化钠,均为优级纯。甲拌磷和环氧七氯标准物质(纯度＞95%,国家标准物质研究中心)。甲拌磷和环氧七氯标准母液(1.0 mg/mL):精确称取 10.00 mg 标准物质于 10.0 mL 容量瓶中,用正己烷定容。准确移取甲拌磷标准母液 1 mL 置于 10 mL 容量瓶中,用正己烷稀释至刻度,得含 0.1 mg/mL 甲拌磷的混合标准溶液。准确移取该溶液 0 mL、0.0025 mL、0.005 mL、0.01 mL、0.02 mL、0.05 mL 于 5 mL 容量瓶中,由空白基质提取液定容,得0 g/mL、0.05 g/mL、0.10 g/mL、0.20 g/mL、0.40 g/mL、1.00 g/mL 标准工作液。环氧七氯内标工作标准溶液(40.0 mg/mL):准确移取 1.00 mL 环氧七氯母液于 25 mL 容量瓶中,用正己烷稀释至刻度。

(三) 实验步骤

1. 仪器操作步骤

(1) 确认处于正常工作状态。

(2) 对仪器进行调谐,获得调谐报告。

(3) 编辑检测方法,将检测方法发送给仪器,等待仪器达到设定好的条件要求。

(4) 编辑样品测定序列,将标准溶液和样品溶液放于自动进样器样品盘中。

(5) 仪器稳定后,开始测试。

(6) 样品测定完毕后,进行数据分析。

2. 检测条件

(1) 色谱柱:Rxi-5 ms,30 m×0.25 mm×0.25 mm。

(2) 色谱柱温度程序:50 ℃保持 2 min,然后以 50 ℃/min 程序升温至 180 ℃,再以 5 ℃/min 升温至 280 ℃,保持 1 min,最后以 50 ℃/min 升温至 300 ℃,保持 1 min。

(3) 载气:氦气,纯度≥99.999%,流速:1.0 mL/min。

(4) 进样口温度:250 ℃;进样量:1 μL。

(5) 进样方式:无分流进样,4.5 min 后打开流量阀和隔垫吹扫阀。

(6) 电子轰击源:70 eV;离子源温度:250 ℃;GC-MS 接口温度:250 ℃。

(7) 扫描方式:选择离子监测。监测离子见表 13-1。

表 13-1　待测组分及内标物的定量离子和定性离子

化合物名称	定量离子(强度)	定性离子(强度)	驻留时间/s
甲拌磷	260(100)	121(429),231(110)	0.15
环氧七氯	353(100)	355(80),351(53)	0.15

3. 样品处理

(1) 提取

称取 20 g(精确至 0.01 g)试样于 50 mL 离心管中,加入 40 mL 乙腈,用均质器以 15000 r/min 匀浆提取 1 min,加入 5 g 氯化钠,再匀浆提取 1 min,将离心管放入离心机,以 3000 r/min 离心 5 min,取上清液 20 mL(相当于 10 g 试样量),待净化。

（2）净化

将 Envi-C18 柱放在固定架上，加样前先用 10 mL 乙腈预洗，下接鸡心瓶，移入鸡心瓶，加入上述 20 mL 提取液，并用 15 mL 乙腈洗涤 Envi-C18 柱，将收集的提取液和洗涤液在 40 ℃水浴中旋转浓缩至约 1 mL，备用。

在 Envi-Carb 柱中加入约 2 cm 高无水硫酸钠，下接鸡心瓶放在固定架上，加样前先用 4 mL 乙腈＋甲苯（3∶1）预洗 Envi-Carb 柱，当液面到达硫酸钠的顶部时，迅速将样品浓缩液（1）转移至净化柱上，再每次用 2 mL 乙腈＋甲苯（3∶1）三次洗涤样液瓶，并将洗涤液移入 Envi-Carb 柱中。在串联柱上加上 50 mL 储液器，用 25 mL 乙腈＋甲苯（3∶1）洗涤串联柱，收集所有流出物于鸡心瓶中，并在 40 ℃水浴中旋转浓缩至约 0.5 mL。每次加入 5 mL 正己烷，在 40 ℃水浴中旋转蒸发，进行溶剂交换两次，最后使样液体积为 1 mL，加入 40 μL 内标溶液，混匀，用于 GC-MS 测定。

（四）数据分析

1. 定性分析

进行样品测定时，如果检出的色谱峰的保留时间与标准样品相一致，并且在扣除背景后的样品质谱图中，所选择的离子均出现，而且所选择的离子丰度比与标准样品的离子丰度比一致（相对丰度＞50％，允许±10％偏差；相对丰度＞20％～50％，允许±15％偏差；相对丰度＞10％～20％，允许±20％偏差；相对丰度≤10％，允许±50％偏差），则可判断样品中存在这种农药或相关化学品。如果不能确证，应重新进样，以扫描方式（有足够灵敏度）或采用增加其他确证离子的方式或用其他灵敏度更高的分析仪器来确定。

2. 定量分析

分别以甲拌磷及内标的定量离子的质量色谱图进行面积积分，获得标准系列中待测组分的峰面积 A_i 及内标的峰面积 A_s，以 A_i/A_s 对 C_i 作图得内标标准曲线 $y=ax+b$。再测得样品中待测组分的峰面积 A_x 及内标的峰面积 A_s，计算 A_x/A_s，由标准曲线求得待测组分的含量。

（五）含量计算

按下式计算出蔬菜中被测组分的含量：

$$X = C \times \frac{V}{m} \times \frac{1000}{1000}$$

式中：X——蔬菜试样中甲拌磷的含量，mg/kg；C——从标准曲线计算得到的被测组分溶液浓度，mg/mL；V——试样溶液定容体积，mL；m——试样溶液所代表的试样质量，g。

（六）注意事项

（1）为减少基质的影响，定量用标准溶液通常采用空白基质提取液配制。

（2）在进行测定前，通常先进样一针空白溶剂，以检查仪器的状况。

附 录

表1 电子天平期间核查记录表

仪器名称		型号/规格	
制造厂商		购置日期	
使用科室		仪器编号	
保管人		本次核查时间	年 月 日
核查项目		运行环境	℃ RH
上次外检时间		外检证书编号	

<table>
<tr><td rowspan="12">期间核查记录</td><td colspan="8" align="center">$d=0.1\ \text{mg}; e=1\ \text{mg}; m_{max}=100\ \text{g}$　在两次检定/校准周期中间核查</td></tr>
<tr><td colspan="8" align="center">示值误差</td></tr>
<tr><td>核查值/g</td><td>1.0000</td><td>2.0000</td><td>5.0000</td><td>10.0000</td><td>20.0000</td><td>50.0000</td><td>100.0000</td></tr>
<tr><td>实测值/g</td><td></td><td></td><td></td><td></td><td></td><td></td><td></td></tr>
<tr><td>误差/g</td><td></td><td></td><td></td><td></td><td></td><td></td><td></td></tr>
<tr><td colspan="8" align="center">示值重复性误差</td></tr>
<tr><td>重复次数/次</td><td>1</td><td>2</td><td>3</td><td>4</td><td>5</td><td>6</td><td>7</td></tr>
<tr><td>实测值/g</td><td></td><td></td><td></td><td></td><td></td><td></td><td></td></tr>
<tr><td>重复称量砝码质量/g</td><td>100</td><td colspan="2">实测最大值与最小值之差/g</td><td colspan="4"></td></tr>
<tr><td colspan="8" align="center">偏载误差</td></tr>
<tr><td>核查值/g</td><td>100</td><td>1(中心)</td><td>2(前面)</td><td>3(后面)</td><td colspan="2">4(左面)</td><td>5(右面)</td></tr>
<tr><td>实测值/g</td><td></td><td></td><td></td><td></td><td colspan="2"></td><td></td></tr>
<tr><td>误差值/g</td><td></td><td></td><td></td><td></td><td colspan="2"></td><td></td></tr>
</table>

<table>
<tr><td rowspan="6">期间核查结果</td><td colspan="2" align="center">核查项目</td><td align="center">核查结果</td><td align="center">最大允许误差</td></tr>
<tr><td rowspan="2">示值误差</td><td>$0 \leqslant m \leqslant 50\ \text{g}$</td><td></td><td></td></tr>
<tr><td>$50 < m \leqslant 100\ \text{g}$</td><td></td><td></td></tr>
<tr><td colspan="2">示值重复性误差</td><td></td><td></td></tr>
<tr><td colspan="2">偏载误差</td><td></td><td></td></tr>
<tr><td colspan="3" align="center">结果评定</td><td></td></tr>
</table>

校准人：	校准日期：
审核人：	审核日期：

表 2　移液器期间核查记录表

设备编号：		移液器出厂编号：			标准日期：		校准地点：	
型号/规格：					生产厂家：			
环境温度：		环境湿度：			$K(t)$值：			
所用主要计量标准器具		电子天平型号：			编号：		证书号：	
		标准温度计型号：			编号：		证书号：	
外观检查：								
气密性检查：								
容量检定：								

标称值/V	1		2		3	
可接受范围	容量允许误差：± 2.0%；重复性允差 CV （变异系数）：≤1.0%		容量允许误差：± 3.0%；重复性允差 CV （变异系数）：≤1.5%		容量允许误差：± 8.0%；重复性允差 CV （变异系数）：≤4.0%	
称量次数	称量重量 /g	实际容量 /μL	称量重量 /g	实际容量 /μL	称量重量 /g	实际容量 /μL
第 1 次						
第 2 次						
第 3 次						
第 4 次						
第 5 次						
第 6 次						
第 7 次						
第 8 次						
第 9 次						
第 10 次						
均值/μL						
标准差 SD						
变异系数 CV/（%）						
容量相对误差/（%）						

校准结论：在允许误差范围内（　　　）；在允许误差范围外（　　　）。	
校准人：	校准日期：
审核人：	审核日期：

表3　玻璃器皿期间核查记录表

设备名称			设备编号	
规格型号			出厂编号	
生产厂家			校准日期	
校准器具名称及编号				
校准环境				

仪器编号	仪器容积读数/mL	瓶与水的质量/g	水的质量/g	水的温度/℃	$K(t)$值	实际容积/mL	容积差值/mL	平均值/mL	检定结果

核查人：	校准日期：
审核人：	审核日期：

表 4　pH 计期间核查记录表

仪器设备名称		制造商名称	
仪器型号		产地	
仪器编号		期间核查时间	月　　日
核查方法名称		核查标准名称	
核查标准编号		核查标准浓度	

核查记录：

(1) 按要求配制邻苯二甲酸氢钾标准溶液(pH＝4.00,25 ℃)、混合磷酸盐标准溶液(pH＝6.86,25 ℃)和四硼酸钠标准溶液(pH＝9.18,25 ℃)。

(2) 打开仪器电源,预热 30 min;同时以纯水活化复合玻璃电极。

(3) 测定标准溶液的温度:$t=$　　　　　　℃。

(4) 调节温度补偿旋钮,使其符合实际测定值。

(5) 选择测定"pH"项。

(6) 依次把复合玻璃电极插入三种标准溶液中,调节"定位"旋钮,使仪器示值分别为实测温度下的标准值:＿＿＿＿＿、＿＿＿＿＿、＿＿＿＿＿。

(7) 5 min 后以上述三种标准溶液为试样进行测定,结果与标准值的差值为:□均≤±0.05　□至少有 1 项＞±0.05。

(8) 测定结果显示:□符合检测标准　□不符合检测标准

结果及评价：

□测定结果显示,仪器状态良好,仪器正常。

□测定结果显示,仪器异常并需要(□调整　□厂家维修)

核查人：		核查日期：	
审核人：		审核日期：	

表 5　电热恒温鼓风干燥箱期间核查记录表

检测室名称		核查日期	
设备名称		设备编号	
规格型号		核查依据	
环境温度		环境湿度	
核查内容			

核查步骤

1. 核查温度点的选择:

核查温度点一般选择设备中层的四个角落与中心点(共五个点),测试点与内壁的距离应不小于各边长的 1/10。中心测试点应在设备的几何中心。

2. 将已检定的温度计分别放置在测试点上,打开电源,将设备的温度设定至核查值。

3. 待设备工作室温度稳定后,开始记录温度计的温度,每隔 2 min 记录一次数据,连续进行 10 次。

4. 计算公式。

4.1　温度偏差:$\Delta x_d = x_d - x_0$　式中:Δx_d——温度偏差,℃;

x_d——设备显示的温度值,℃;x_0——中层测试温度 10 次的平均值,℃。

4.2　温度均匀度:$\Delta x_u = \dfrac{\sum\limits_{i=1}^{n}(x_{i\max} - x_{i\min})}{n}$

式中:Δx_u——温度均匀度,℃;$x_{i\max}$——各测试点在第 i 次测得的最高温度,℃;$x_{i\min}$——各测试点在第 i 次测得的最低温度,℃;n——测定次数。

4.3　温度波动性:$\Delta x_f = \pm(x_{\max} - x_{\min})/2$

式中:Δx_f——温度波动度,℃;$x_{\max}$——中心点 n 次测量值中的最高温度,℃;$x_{\min}$——中心点 n 次测量值中的最低温度,℃。

5. 结果:

位置	1	2	3	4	5	6	7	8	9	10	x_0
左上 x,℃											
左下 x,℃											
右上 x,℃											
右下 x,℃											
中心 x,℃											
温度偏差:$\Delta x_d =$			温度均匀度:$\Delta x_u =$				温度波动度:$\Delta x_u =$				

结果评定标准

1. 温度偏差:±2 ℃　　2. 温度均匀度:2 ℃　　3. 温度波动度:±1 ℃

表6　紫外-可见分光光度计期间核查记录表

仪器名称			仪器型号		
仪器编号			环境温度		
核查方法			环境湿度		
检定日期			年　　　月　　　日		
核查项目					
评定依据					

	序号	检测波长				
测量值						
平均值						
最大值						
最小值						
透射比标准值 T						
$\Delta T = \overline{T} - T$						
$\Delta T = T_{max} - T_{min}$						

评定结论：

评定结果要求透射比最大允许误差(%)：

核查结果为透射比最大允许误差(%)：

结论：

核查人：	核查日期：
审核人：	审核日期：

表7　原子吸收光谱仪期间核查记录表

仪器名称		型号		仪器编号	
制造厂商		出厂编号		环境条件	
检定日期		检定周期		核查日期	
核查人		审核人		核查结论	

1. 通用技术要求

项目	检查情况	结论
标志和外观结构		

2. 基线稳定性

项目	测量值	技术要求	结论
零点漂移		$\leqslant \pm 0.008$ A	
瞬时噪声		$\leqslant 0.006$ A	

3. 火焰原子化器——铜

项目	测量值	技术要求	结论
线性相关系数 r		>0.999	
检出限 C_L		$\leqslant 0.02$ μg/mL	
测量重复性 RSD		$\leqslant 1.5\%$	
线性误差 $\Delta \chi_i$		$\leqslant 10\%$	

4. 石墨炉原子化器——镉

项目	测量值	技术要求	结论
线性相关系数 r		>0.995	
检出限 Q_L		$\leqslant 4$ pg	
测量重复性 RSD		$\leqslant 5\%$	
线性误差 $\Delta \chi_i$		$\leqslant 15\%$	

核查人：　　　　　　　　　　核查日期：

审核人：　　　　　　　　　　审核日期：

表 8　原子荧光光度计期间核查记录表

核查日期	年　　月　　日	环境温度/湿度			
仪器名称/型号			仪器编号		

测量条件：

1. 标准曲线

浓度/(ng/mL)	0.0	1.0	2.0	4.0	8.0	10.0
荧光强度						

标准曲线方程及相关系数 $y=$ 　　　　　　　　　　$\gamma=$

2. 检出限

测量次数	1	2	3	4	5	6	7	8	9	10	11
测量结果											

检出限：

3. 相对标准偏差：$RSD = \sqrt{\sum_{i=1}^{n}(x_i - \overline{x})^2/(n-1)} \times \dfrac{1}{\overline{x}} \times 100\%$

测量次数	1	2	3	4	5	6	7	8	9	10	11
测量结果											

评价标准	RSD≤2%；检出限≤3 ng/mL 可判定仪器运行正常
结论	

核查人：　　　　　　　　　　　　核查日期：

审核人：　　　　　　　　　　　　审核日期：

表9　全自动旋光仪期间核查记录表

仪器名称		规格型号	
编号		核查参数	
核查依据		核查所用器具	

核查过程记录	1. 仪器外观检查： □仪器外观保持良好；□无明显损坏； □测试管表面无明显划痕；□测试管长度符合要求 2. 仪器示值误差及重复性核查： 在温度20 ℃时，仪器打开预热完毕后，将标准旋光管放入，稳定7～10 min，读出零点，然后测量标准溶液旋光度，反复6次，得出结果

标准值	测量值					

<table>
<tr><td>核查过程记录</td><td>3. 仪器的稳定性核查：
在仪器给出的可连续工作时间内（或连续工作4 h内），零点偏移0.003，结合示值误差，稳定性合格
核查人：　　　　　　　　　　　　　日期：　　年　　月　　日</td></tr>
</table>

期间核查结果	1. 仪器示值误差：_____ 2. 重复性相对标准偏差：_____ 3. 仪器稳定性：_____ 审核人：　　　　　　　　　　　　　日期：　　年　　月　　日

备注	

表 10 气相色谱仪期间核查记录表

设备名称及型号		仪器编号			
设备检定日期		检定有效期			
期间核查日期		期间核查人员		环境条件	温度/℃： 湿度/（%）：

测试条件：

柱箱：	℃	N_2：	mL/min	色谱柱	检测器类型	□热解吸进样
进样器：	℃	H_2：	mL/min			□直接进样 □溶剂解吸进样
检测器：	℃	Air：	mL/min			□自动进样

一、FID 基线噪声检测结果

基线噪声/A	标准值/A	结果判定
	$\leqslant 1\times10^{-12}$ A	

二、FID 基线漂移检测结果

时间/min	基线漂移/（A/30 min）	标准值/（A/30 min）	结果判定
		$\leqslant 1\times10^{-11}$ A	

三、检测限检测结果

基线噪声 N/mV	进样量 W/g	峰面积 A /(mV·s)	平均峰面积 $\overline{A}$/(mV·s)	D_{FID} /(g/s)	公式	标准值 /(g/s)	结果 判定
				$D_{FID}=2N\cdot W/A$		$\leqslant 1\times10^{-11}$	

四、标准曲线的绘制

	结果 判定
标准曲线的绘制过程： 标准曲线：	

五、定量重复性检测结果

测定次数 n	峰面积 x_i	平均峰面积 $\bar{x}$	公式	相对标准偏差 RSD /(%)	标准值 RSD /(%)	结果判定
1						
2						
3			$$RSD = \sqrt{\dfrac{\sum\limits_{i=1}^{n}(x_i - \bar{x})^2}{n-1}} \times \dfrac{1}{\bar{x}} \times 100\%$$		3	
4						
5						
6						

六、准确性检测结果

标样编号	标样来源	测量值/(μg/mL)	标准值/(μg/mL)	结果判定

七、结果评价

核查人：	核查日期：
审核人：	审核日期：

表 11　高效液相色谱仪期间核查记录表

| 核查日期 | | 环境温度/湿度 | |
| 仪器名称型号 | | 仪器编号 | |

核查项目：1. 外观　2. 柱温箱温度　3. 基线噪声、基线漂移　4. 检测限　5. 定量重复性

核查依据：液相色谱仪期间核查规程

标准物质：

	流量设定值	瓶重/g	瓶+样/g	时间/min	流量实测值/(mL/min)	S_S	S_R	标准	结论
泵流量设定值误差S_S、流量稳定性误差S_R的核查	0.5 mL/min							$S_S \leqslant \pm 3\%$ $S_R \leqslant 3\%$	
	1.0 mL/min							$S_S \leqslant \pm 2\%$ $S_R \leqslant 2\%$	
	1.5 mL/min							$S_S \leqslant \pm 2\%$ $S_R \leqslant 2\%$	

注：$\rho=0.7917(20\ ℃)$；W_1：瓶重，W_2：瓶+样(g)；t：时间(min)；F_m：流量实测值(mL/min)，$F_m=(W_2-W_1)/(\rho \cdot t)$，$S_S=(\overline{F}_m-F_s)/F_s\times100\%$；$S_R=(F_{max}-F_{min})/\overline{F}_m\times100\%$

基线漂移和基线噪声的核查

条件：色谱柱，C18；流动相，甲醇；流速，1 mL/min；波长，254 nm

项目	规定值	测定值
基线漂移	$\leqslant 5\times10^{-3}$ AU/h	
基线噪声	$\leqslant 5\times10^{-4}$ AU	

检出限的核查

条件：色谱柱，C18；流动相，甲醇；流速，1 mL/min；波长，254 nm；进样量 20 μL

测定值 g/mL

注：$C_1=2\times Nd\times C/H$；C_1 最小检测浓度；N_d 基线噪声峰-峰高；C 标准溶液浓度；H 标准溶液色谱峰高；$C_1\leqslant1\times10^{-7}$ g/mL

续表

定性、定量测量重复性核查	条件:色谱柱,C18;流动相,甲醇;流速,1 mL/min;波长,254 nm;进样量 20 μL							
	项目	规定值	测量值					
	定性重复性测量	RSD≤1.5%	峰保留时间					
			RSD					
	定量重复性测量	RSD≤1.5%	峰面积					
			RSD					

结论:

核查人:　　　　日期:　　　　审核人:　　　　日期:

表 12　离子色谱仪期间核查记录表

核查日期	年　月　日	环境温度/湿度		
仪器名称/型号		仪器编号		

1. 外观与各按钮的检查：

2. 流量设定值误差 S_S 和流量稳定性误差 S_R：

流量设定值/(mL/min)		0.2～0.5	0.5～1.0	大于 1.0
收集时间/min		5	5	5
误差	S_S			
	S_R			

3. 基线噪声和基线漂移（电导检测器）：

	1	2	3	4	5
基线噪声/(%FS)					
基线漂移/(%FS)					

4. 最小检出浓度：

	$c/(\mu g/mL)$	$V/\mu L$	$H_N/\mu S$	$H/\mu S$	$C_{min}/(\mu g/mL)$
1					
2					
3					
4					
5					

5. 保留时间和定量重复性误差：

检测离子	浓度/($\mu g/mL$)	保留时间/min						平均值	RSD(%)
		1	2	3	4	5	6		

检测离子	浓度/(μg/mL)	保留时间/min						平均值	RSD 保留(%)
		1	2	3	4	5	6		

6. 结论：

核查人：　　　　　　日期：　　　　　审核人：　　　　　日期：

表 13　荧光分光光度计的期间核查记录表

仪器名称		规格型号	
编号		核查参数	
核查依据		核查所用器具	
核查过程记录	1. 仪器外观检查： □仪器外观保持良好；□无明显损坏； □测试管表面无明显划痕；□测试管长度符合要求		
	2. 荧光强度重复性和线性误差 用浓度分别为 2.5 μg/mL、5.0 μg/mL、7.5 μg/mL、10 μg/mL 的维生素 C 标准溶液,以空白溶液为参比,于激发波长 350 nm,发射波长 430 nm 处测定荧光值,连续测量三次,取其平均值。荧光值的重复性应不小于 0.2。按下式计算仪器在不同荧光强度范围内测量溶液的线性误差： $$a = \frac{K_i - K}{K} \times 100\%$$ 式中:K_i——每一浓度溶液的平均荧光强度与溶液浓度的商;K——不同浓度溶液平均荧光强度与其相应浓度的商 K_i 的平均值		
	3. 仪器的稳定性核查： 仪器在接收元件不受光的条件下,用空白溶液将仪器调至零点,观察 1 min,读取荧光值的变化,即为零点稳定度。仪器零点在 1 min 内漂移引起的荧光强度变化不应大于±0.1 核查人：　　　　　　　　　日期：　年　月　日		
期间核查结果	审核人：　　　　　　　　　日期：　年　月　日		
备注			
结论			
核查人：　年　月　日　审核人：　年　月　日			

表 14　GC-MS 期间核查记录表

设备名称及型号		仪器编号			
设备检定日期		检定有效期			
期间核查日期		期间标准物质		环境条件	温度/℃： 湿度(%)：

测试条件：

扫描范围：信噪比测试 m/z 200～300，质量准确性测试 m/z 20～350，重复性测试 m/z 200～300
离子化能量：70 eV　传输线温度：250 ℃
溶剂延迟：3 min　色谱柱：DB-5MS　进样口温度：250 ℃
进样方式：不分流进样　进样量：1 μL　流速：1.0 mL/min，恒流
程序升温：八氟萘 70 ℃保持 2 min，以 10 ℃/ min，升温至 220 ℃，保持 5 min

1. 信噪比

	结果判定
仪器调谐通过后，参照附录条件，注入 100 pg/μL 的八氟萘-异辛烷溶液 1.0 μL，提取 $m/z=272$ 的离子，由仪器软件自动计算出信噪比(S/N)。信噪比指标：m/z 272 处 $S/N\geqslant10$：1(峰值)	

2. 测量精密度

	结果判定
参照附录条件，注入 1.0 μL 浓度为 10 ng/μL 六氯苯-异辛烷溶液，连续进样 6 次，提取六氯苯特征离子 $m/z=284$，对色谱峰进行面积积分，根据公式计算 RSD	

3. 质量准确性

	结果判定
参照附录仪器条件，注入 10 ng/μL 的硬脂酸甲酯-异辛烷溶液 1.0 μL 进行测试，记录 74,143,199,255 和 298 等硬脂酸甲酯主要离子的实测质量数，有效数值保留到小数点后两位，理论值见附录，计算实测值与理论值之差，并做质量准确性评价。质量准确性指标：离子偏差±0.3 U	
对以上得到的硬脂酸甲酯质谱图进行谱图检索，得到谱库检索名次和谱图相似度数据，以此评价定性准确性。谱库检索指标：相似度≥75%	结果判定

4. 结论

核查人：　　　核查日期：　　　审核人：　　　审核日期：

主要参考文献

[1] 国家药典委员会.中华人民共和国药典(2015年版)[M].北京:中国医药科技出版社,2015.

[2] 张显亮.仪器分析实训[M].北京:化学工业出版社,2015.

[3] 任雪峰.仪器分析实训教程[M].北京:科学出版社,2017.

[4] 叶宪曾,张新祥.仪器分析教程[M].2版.北京:北京大学出版社,2010.

[5] 韩璐,黄大波.气相色谱-质谱法快速测定蔬菜中甲拌磷残留量[J].化学工程师,2017,31(6):35-37.